恒星闪耀

高客单新个体

李海峰 肖逸群 主编

华中科技大学出版社
http://press.hust.edu.cn
中国·武汉

图书在版编目（CIP）数据

恒星闪耀：高客单新个体/李海峰，肖逸群主编.—武汉：华中科技大学出版社，2024.3

ISBN 978-7-5772-0586-1

Ⅰ.①恒… Ⅱ.①李… ②肖… Ⅲ.①成功心理-通俗读物 Ⅳ.①B848.4-49

中国国家版本馆CIP数据核字(2024)第021598号

恒星闪耀：高客单新个体　　　　　　　　　　　李海峰　肖逸群　主编
Hengxing Shanyao:Gao Kedan Xin Geti

策划编辑：沈　柳
责任编辑：康　艳
封面设计：琥珀视觉
责任校对：阮　敏
责任监印：朱　玢
出版发行：华中科技大学出版社(中国•武汉)　　电话：(027)81321913
　　　　　武汉市东湖新技术开发区华工科技园　　邮编：430223
录　　排：武汉蓝色匠心图文设计有限公司
印　　刷：湖北新华印务有限公司
开　　本：880mm×1230mm　1/32
印　　张：8.875
字　　数：222千字
版　　次：2024年3月第1版第1次印刷
定　　价：55.00元

本书若有印装质量问题，请向出版社营销中心调换
全国免费服务热线：400-6679-118　　竭诚为您服务
版权所有　侵权必究

PREFACE
序言　　李海峰

2023年,在恒星私董会待满一年后,我直接续费10年。

不是因为续费10年的单价便宜,而是为了支持创始人肖厂长。当然这样做也有很多其他好处,比如我不需要为了延长会员期限而到处转发,比如我会更从容地按照自己的节奏去学习。

在"一堂"学习平台,我也将会员期续费到2051年。

我真心认同它们的价值,愿意用钱传递一份力量支持它们。

我会帮忙我认可的IP,在起步的阶段给予其资金支持。这些微不足道之举被秋叶大叔写进文章里(我花10万元买了他写的书赠送给大学生),也被弗兰克写到他那本被央视推荐的《爆款写作课》里。

对于我来说,**我是为了认可付费,付费的那一刻,我已经得到了回报**,我成为我选择的我,老天总是慷慨地给予我正向反馈。

恒星闪耀：高客单新个体

肖厂长给我的回报，来得更加直接。他直接帮我打磨了联合出书项目并且操盘了发售，在一个月内就完成1000万元的销售额。

现在你手上的这本《恒星闪耀：高客单新个体》就是这个项目的成果，而且撰写者全部都是肖厂长恒星私董会的成员。**他们都在各自所在的行业做高客单项目**。看完稿子后，我终于放下心，质量真的不错。

这本书收录了36位恒星私董会成员的文章，每篇文章彼此独立。我把撰写者的二维码都放到书里，你可以直接联系感兴趣的撰写者，相互交流。

我分享我的读书笔记抛砖引玉，相信你一定会在这本书里得到更多的收获。

剽悍一只猫是个人品牌顾问、畅销书《一年顶十年》的作者。他豪爽大气，成为联合作者的同时，就告知大家会购买1000册来送亲友。他用擅长的语录体，毫无保留地分享他利用个人品牌创富的心得。

钠钠是石上生活的创始人、"90后"连续创业者，她创业前几年，每年在深圳买一套房。我协助她出版了"石上女孩"的合集《了不起的女孩》。她给所有的创业者展示了相信的力量，她也用石上生活这个她亲手打造的私域电商平台，示范了如何时尚地生活。

高海波是鲸潮科技的创始人、蓝鲸私域 CEO。他 15 岁就考上中山大学的传奇经历让大家惊叹他的优秀与努力。这就是为什么我见他第一面就请他接受我的投资。对于想做 IP 的品牌创始人,海波分享了不败而后求胜的秘诀。

笛子是畅销书《TikTok 爆款攻略》的作者,在国内外有 8 家公司。我是《TikTok 爆款攻略》的推荐人,我也投资了她的知识出海业务。所有关注跨境出海的伙伴,可以着重关注笛子分享的内容,学习和借鉴她的方法。

格掌门是以人为本科技有限公司的创始人、IP 操盘顾问,其公司旗下 IP 累计变现超过 1 亿元。无论你是操盘手还是 IP,你都能从她的分享中,洞察操盘的本质。

金刚是九尾传媒创始人兼董事长,全网粉丝超过 3.1 亿人。我投资的人里,金刚是少有的主动提出保障我的收益的人。如果你是想做自然流量的人,金刚会给你展示圈子和方法论的重要性。

王姐是升学规划开创者,我协助她出版了《设计未来》。看完王姐写的"学霸"养成的故事,你就能明白为什么她能协助多名学生一学期提分 50~300 分。

白先生是 ChatGPT 调教心流法创始人、无忧传媒共创会常任理事,也是 AI 操盘手发起人。白先生是连续创业者,非常善于做 IP 内

恒星闪耀:高客单新个体

容词定制。所有关注 AI 的人,都应该好好看看白先生的文章。

陈可欣是央视前主持人、欣声商学创办人、女性生命成长 IP 导师,同时也是《柔软的力量》的作者。每一个关注生命成长的人,很难不被可欣老师的成长蜕变故事感染,希望你能通过可欣老师的分享,获得内在成长的力量。

汤蓓也是央视前主持人,是畅销书《走老路到不了新地方》的作者、汤蓓精准规划创始人。汤蓓老师通过文章,分享好好地解决问题、助力成长的方法。

麦子是知名的私域讲师和顾问,曾服务过欧莱雅、周大福、顺丰和酒仙网等知名企业。在本书里,她分享了自己的生命体验。

詹欣圳是高端 IP 顾问、IP 操盘手,也是《人际关系必修课》的撰写者之一。詹欣圳分享了自己的故事以及操盘 IP 的经历。

壹珊是霜花醇护嗓茶创始人,她在一线城市创业成功后,转型为新农人。她的目标是带领 1000 名农民每月收入增加 1000 元以上。每一个认真生活的人,都能在壹珊的文章中获得力量和感召。

葛瑞娜是知识 IP 教练、小红书陪跑教练、阅读写作教练,有着非常丰富的从业经验。她在文章里详细分析了知识 IP 的运营法,如果你有兴趣做知识 IP,她的文章应该对你有帮助。

序言

陈冠寅是上海养老筹划和服务专家，2016 年起为近 700 人落实保额近 13 亿元的养老保障。他对待这次写作极其认真，写了 10 稿才提交最终稿。他分享了自己如何走上这条守护他人养老的路的经历。

乘云飞是 3 家国际快销品牌的中国区创始人，也是大健康美护品类的资深产品专家。她在文章里详细分享了她的"一念"理论和实践体系。

郭佳丽是上海箴荣文化发展有限公司创始人、幸福家庭践行者，也是来自贫困山区的"90 后"草根创业女孩。她分享了自己的成长故事，并总结了 8 年服务几百个家庭的心法。

侯娟娟是中山大学医学硕士，也是国内一家糖尿病逆转机构的高级合伙人。她分享了关于高客单成交的体会。

胡狸姐是广州胡狸胭脂设计公司创始人，客单价 20 万元起的高价私宅设计师。胡狸姐从控制成本、好看、好用三个方面详细解析装修心得。

吉善是海归哲学硕士。如果你也想做一个快乐的有钱人，可以看看吉善对于如何创造财富的种种思考和探索。

贾若是未来春藤教育创业联盟负责人，也是高级商业咨询顾问。贾若分享了他的人生系统方法论：多档期切换、多项目协同、多剧本体验、多价值传递。

林依媄长居德国,她分享了对于连续创业的思考、个人投资的思考,以及生命中的感动时刻。

刘甜风是 C 栈品牌创始人,是商业 IP 陪跑顾问,拥有 14 年管理咨询经验。如果你想做好产品的口碑,可以看看她分享的经验。

罗琼俊深耕国际工程行业 38 年,积累了大量国际商务合同谈判实战经验。她分享了 3 次华丽转型的心路历程,想要转型的职场人可以从中得到一些指导。

聂明是启明星球创始人兼 CEO,还是高管教练。她以 5 个真实的案例给读者展示教练如何让学员有收获。

晴语是本色商学创始人,也是企业全域 IP 操盘手。她讲述了自己如何操盘北京天大国际家居的新商业模式的经验和方法。

王羽墨是香港城市大学营销学博士,曾在央视国防军事频道担任纪录片编导和记者。她对高客单有自己独特的见解,她在文章中分享了高客单成交的三大关键因素和三大障碍。

为什么博士是一所世界顶尖大学数学科学博士和应用神经学硕士,也是儿童天赋学习导师。关注家庭教育服务的家长们可以多关注他的文章。

夏师姐是知识 IP 操盘手，在全球拥有 1 万多名学员。她认为，做高客单，必须有能力讲故事，讲真实的故事，讲有画面感、能调动情绪的故事。

杨伟娜是浙江道缘文化传播有限公司创始人，高客单成交教练。她在文章里和大家分享了高客单成交的方法。

张天骋是天空时尚美学创始人、资深明星服装造型顾问。他认为时尚不应只属于明星和公众人物，每个人都有权展示自己的风格和个性。

张秀清是赢商私董会主理人、赢商战略顶层设计架构师。她分享了高客单成交的独特价值提炼模式。

雪珍是心理咨询师、温暖心坊联合创始人，也是幸福之路的探索者和践行者。雪珍分享了从 5 个维度提升幸福感的方法。

竹莉是德国马尔堡大学博士，创立了一个欧洲美妆平台，去过 25 个国家，在全球旅游办公。她告诉成长中的每个人，与其被定义，不如自我定义。

宋振中是快去学教育科技有限公司创始人、PPT 副业培训导师，

恒星闪耀：高客单新个体

他和团队的不黑老师承担了我们线下课"友者生存"的物料设计。他分享了自己敢想敢干、不为自己设限的奋斗历程。

王子晶是维晶恒睿信息科技有限公司创始人，也是线下大课操盘手。她主动承担了本书的统筹工作。她在文章里，毫无保留地分享了线下课的操盘技术。

▬

要赚钱，先值钱。36位联合作者，每一位都是高价值的个体。

整本书读完，我认为我可以借鉴的点是**要想成为高价值个体，需要拥有强大背书和视野，以及强大的内在力量，能不断迭代技能**。

我邀请你，和我一样，写下自己的读书心得，找出自己可以借鉴的点。

PREFACE
前 言　肖逸群

亲爱的读者，你好！我是肖厂长，恒星私董会的发起人。

你很有眼光，在琳琅满目的图书中，选择了这本《恒星闪耀》，与我以及30多位优秀的超级个体，通过文字的形式结缘。

我相信，当你认真看完这本书，一定会有那么几个人的故事，会给你带来启发，甚至你的人生轨迹会和本书中的几个人出现交集。命运的齿轮，说不定就会由此开始转动。

这本书是我和我的恒星私董们一起推出的合集。我的30多位恒星私董，他们长期深耕于各自的领域，每个人都是某个细分赛道的头部玩家，并且创造了极高的价值，取得了非凡的成就。在本书中，他们每个人都写下了自己的人生故事和心得感悟。

写完自己的人生故事，可能只需要一个下午，但是他们取得当前的成绩，背后都付出了几年、十几年甚至几十年的努力。**在我看来，盲目的努力并不一定能带来成功，他们还是战略上的高手，懂得如何定位、如何经营个人品牌和私域资产、如何通过 IP 放大自己的价值，并且更好地成就客户……**这些，才是让他们真正与众不同的核心因素。

这一切，相信你看完本书后，一定会深有体会。

恒星闪耀：高客单新个体

在这里，我先简单做一个自我介绍。

我本名肖逸群，人称"私域肖厂长"，目前专注于帮头部的创始人 IP、知识 IP 做私域发售，也就是帮他们搭建私域，并且在私域里做一对多的批量成交变现。

有一句话是这样说的：**"流量的终点是私域，私域的终点是发售**。"做私域和发售，是每个创始人 IP 在新媒体时代都必须掌握的技能。

创业前，我 23 岁，是银行里一名工作刚刚满 3 年的普通小职员，没有背景，也没有人脉，只有一颗想要改变自己命运的心。2024 年，我 32 岁，在 9 年时间里，我经历了创业的起起伏伏，并最终找到了自己长期的创业方向，成为一名时间自由、财务自由，兼具幸福感和价值感的"超级个体"创业者。

我的 9 年创业经历，分为 3 个阶段。每个阶段可能只有寥寥几百字，但都是我花费大量时间，交了大量学费，甚至经历公司濒临破产的困境所换来的人生经验。

第一个阶段是我创业的前 6 年。我的主要角色是操盘手。

在我还是一名银行小职员时，因为机缘巧合，我进了我们学校的创业投资校友群，并且认识了一名正在创业的校友。他看我之前创过业，知道我一直有一颗创业的心，所以我俩经常一起交流。

2014 年的夏天，我给他打了个电话，他突然跟我说，让我关注一个新的产品，叫微信公众号。他刚刚注册了一个关于我们学校的微信公众号，叫"贸小豆"，仅仅一个下午，就有 5000 多名对外经济贸易大学的学生自动关注了这个微信公众号。

他跟我说，现在做微信公众号还有很大的红利，而且这个事情可以远程来做，特别适合我这样的"上班族"青年。

在他的启发下，我开始投入精力做微信公众号，结果，一发不可收。

凭借着爱学习、擅执行、敢破圈，我快速进入了北京互联网创业的核心圈层，并且找到了一个非常好的定位：定位英语学习赛道，做成人轻量级的英语学习课程，联合线下的英语名师，比如新东方的大班课前主讲老师，一起开发课程。对方出内容，我来做产品、营销和提供学员服务。

靠着持续的学习，不断利用当时的流量红利，我们推出了轻课、潘多拉英语、极光单词、趣课多、英语麦克风等现象级英语学习产品。高峰期是2018年，每天有100万名付费学员在我们的5个App里学习，50万人上传自己的学习记录，并分享到朋友圈。

依靠对产品和流量的敏锐嗅觉，我用7年时间，从300名微信好友做到了有3000万名成员的微信私域，并且在26岁时拿到了经纬中国和腾讯双百等5家投资机构累计4500万元的融资，高峰期公司有600名全职员工，公司的最高纪录是在1年里通过私域变现6亿元。

就在我们即将拿到下一轮估值1亿美金的B轮融资时，我给公司按下了暂停键，选择了急流勇退。我主动把公司做小，将600名员工缩减到60名，并且自己主动从幕后站出来，走向台前，做创始人IP。

关于我为什么会选择在公司的巅峰时期急流勇退，限于篇幅，这里不便展开，感兴趣的读者可以关注我的公众号"私域肖厂长"，查看2022年3月1日，我写的一篇7000字的文章《肖厂长：公司从

600 人降到 60 人，过去 1 年，我经历了什么？》。

就这样，我来到了创业的第二个阶段：创始人 IP。

从 2020 年开始，到 2022 年，在这 3 年时间里，我开始自己创作内容，讲述我的创业故事，并且结合自己做私域的经验，精准定位营销培训商学赛道，专门教创业者如何做私域。我每天拍短视频、做直播、录制课程，并且每年做 2 次发售，销售 999 元的私域培训录播课程以及我的线下大课。

我的这次创业，再次获得成功。我在公域吸引了 100 万名商业粉丝，在私域累计吸引了 20 万名高净值创业者粉丝；带领不到 20 人的团队，在不靠投放的情况下，1 年变现千万元。

虽然营收额跟之前相比差了很多，但是创过业的人都知道，**一家公司的核心竞争力和运行的健康程度，从来都不是通过规模来衡量的。**

在 2022 年，又发生了一系列的事情，让我的认知再次提升。我放弃了单纯的创始人 IP 方向，开始转型做 IP 操盘手，并且推出了我的百万元客单产品：私域发售全案操盘。

关于这段经历和思考，展开讲，又是 1 万字的内容。感兴趣的读者，可以扫码关注我的公众号，查看我 2023 年 9 月 12 日写的文章《肖厂长：高客单超级个体，是 IP 创业的"隐形冠军"》。

百万元客单产品推出后，我开始从我的核心社群——恒星私董会里找垂直行业的头部 IP 合作，帮做发售全案：设计商业模式和变现产品，吸引私域流量，并且一起完成发售，也就是批量成交。

在 1 年时间里，我与清华陈晶、周宇霖、格掌门、璐璐、刘 Sir、高海波等头部创始人 IP 共同完成了多轮发售，单次发售变现 200 万～800 万元。本书的主编李海峰老师，也是我的合作 IP，我们一起完成了海峰贵友联盟这个产品的发售，并且通过一次大发售，实现了 1300 万元 GMV（成交总额）的变现。

深度成就少数人，广泛影响多数人。这是我创业第三阶段转型时最重要的认知。而这次转型，让我在团队人数增加不超过 10 人的前提下，IP 业务营收提升了 4 倍，实现了不到 30 人、1 年私域发售 7000 万元的变现。

在这次转型后，我不仅可以以 IP 的身份，帮助很多创业者做私域，还能够实际帮人操盘，自己上手，帮我的合作伙伴实现私域的积累和发售的变现。

如果你也想成为一名时间自由、财务自由，兼具幸福感和价值感的超级个体创业者，欢迎扫码加我好友。

以上就是我简单的自我介绍，再次感谢你耐心地阅读。

我要向本书的幕后策划——李海峰老师，表示感谢。在一次线下大课上，我跟海峰老师确定合作，海峰老师用他在出版界的人脉资源以及合集出书的丰富经验，为我和我的恒星私董会赋能，帮我和我的恒星私董们一起出一本书。他帮我们把一步步成为超级个体的经验总结成书，赋能更多的个体创业者。在这背后，海峰老师付出了极多的心血，感谢海峰老师！

此外，我还要感谢我的团队成员彤彤、泽兴、豪婷、圣仁等，他们为本书的顺利出版，也做出了非常大的贡献。我还要感谢，一直全力支持我的佐依，感谢你在背后的默默付出。

最后，也感谢每一位看完本书并且采取了实际行动的读者。我们写下自己的故事的目的，就是影响更多的人，改变更多的人。期待以后，当我再次召集恒星私董一起出书时，能够在下一本书里，看到你的人生故事！让我们一起接力成长，并帮助他人成长。

目录 CONTENTS

个人品牌创富指南 剽悍一只猫 1	**维系高端用户，持续赚钱** 钠钠 15	**在新时代，打造属于自己的私域** 高海波 21
3年出海带货10亿元，引领全球TikTok浪潮 笛子 27	**瞄准未来3年最赚钱的职业** 格掌门 35	**聚焦自然流量，帮助你顺利变现** 金刚 43
裸辞处长，带娃从5000名逆袭到20名，影响数千名精英家庭的孩子成功升学 王姐 48	**多次创业失败后，我靠AI站了起来** 白先生 56	**用生命之声绽放精彩人生** 陈可欣 64
女儿教我做妈妈 汤蓓 71	**在滚滚红尘中，活出尊贵与尊严** 麦子 79	**打造超级IP，活出生命影响力** 詹欣圳 88

恒星闪耀：高客单新个体

在广州闯荡十年后，我回老家创业	用好知识 IP 的起盘五步法，年收入百万元真的不难	幸福养老，由我守护
壹珊 96	葛瑞娜 104	陈冠寅 112
连接一念信号，共创未来地球	深耕教育文化领域，成就幸福人生	服务慢性病患者，帮助更多人获得健康
乘云飞 120	郭佳丽 127	侯娟娟 133
深耕装修行业 20 年，我如何带别人走完痛苦的装修之路？	如何做个快乐有钱人	创造自己的精彩人生模式
胡狸姐 137	吉善 144	贾若 148
创业、投资、善行，它们是我人生的多彩轨迹	定制化交付，助力高客单成交	深耕国际工程行业 38 年，3 次华丽转身，我将如何再次突破成为小而美的超级个体？
林依媄 154	刘甜风 161	罗琼俊 167

高管教练帮助你开启人生的新篇章	用 AI 数字化新商业模式操盘传统家居城	拓宽认知边界,助力高客单成交
聂明 *174*	晴语 *183*	王羽墨 *190*
用高客单教育服务,守护孩子的成长之路	高客单高级成交术——IP 故事成交法	为什么高客单成交是所有创业者最关心的事?
为什么博士 *198*	夏师姐 *206*	杨伟娜 *212*
作为一名服装搭配师,我致力于为世界带来时尚	独特价值是高客单成交的利器	心理咨询师教你提升幸福感
张天骋 *219*	张秀清 *226*	雪珍 *233*
与其被定义,不如自定义——寻找理想中的自己,是人生的修行	历经 14 年奋斗,终将 PPT 从爱好变为事业	知识付费创业的三大核心技术
竹莉 *240*	宋振中 *248*	王子晶 *256*

恒星闪耀：高客单新个体

个人品牌创富指南

■ 剽悍一只猫

个人品牌顾问
畅销书《一年顶十年》作者
第六届当当影响力作家

恒星闪耀：高客单新个体

2015年12月27日，我注册了微信公众号"剽悍一只猫"，开启了个人品牌创业之路。

"剽悍一只猫"微信公众号曾入围新榜"中国微信500强"。

2016年，我在直播平台"一块听听"举办个人首场线上年度分享会，单场分享销量累计突破11万份，平台排名第一。

2017年，我打造微信公众号矩阵，读者总数突破百万人；"剽悍晨读"上线音频分享平台"喜马拉雅"，播放量累计突破3700万次。

2018年，我在知识付费平台"饭团"迅速积累12万多个订阅用户，平台排名第一；我在语音直播平台"有讲"举办线上年度分享会，参与人数突破18万人，平台排名第一。

2019年，我成为"樊登读书"（现名"帆书"）首席社群顾问；我与"樊登读书"合作举办线上年度分享会，单场分享一周内销量突破11万份。

2020年，我出版《一年顶十年》，该书首月发行量达20万册；我启动图书营销业务，陆续成为多本畅销书的首席营销顾问。

2016年至今，我的社群累计培养了7000多名社群运营官。

2020年至今，我开设了4个付费专栏，总销量超过2.3万份。

以下内容，是我这几年经营个人品牌的重要心得，希望能给你带来启发。

底子

经营个人品牌，底子很重要。关于底子建设，接下来，我给大家分享五个特别重要的点。

1. 功力

要想脱颖而出，我们必须练好基本功。

以内容输出为例。在当今这个时代，如果一个人有足够强大的内容输出能力，那么，他是不太可能缺钱的。

关于内容输出，我分享两个狠招：

一是足够简洁。

如果你能在很短的时间内就让人有很大收获，你将比其他人更容易获得影响力。

为了提升这一项能力，你可以重复做以下三件事。

第一件事：**录制视频，在一分钟内讲清楚一件事或一个道理**。

第二件事：**读完一篇好文章，迅速提炼出精华，不得超过100字**。

第三件事：**平时写完文章后，把所有非必要的内容都删掉，直到不能再删为止**。

二是问答训练。

我有一种本事，我可以在没有一张PPT，也没有任何讲稿的情况下，就靠现场跟大家互动，迅速判断应该讲什么，可以连续交付两天两夜，大家的满意度很高。

我是怎么做到的？核心秘籍是长期、大量做问答训练。我是2014年9月开始训练的。我每天都会回答问题，这些问题有些是自己找的，有些是别人提的。我练了9年多时间，一天都没落下。

由于常年"练功"，我的答疑解惑能力比较强，绝大多数时候，能在很短的时间内做到让提问者有收获，甚至有很多人跟我才聊了十几分钟（我快速为对方答疑），就想要付费加入我的社群。

找到好问题，并想办法给出特别好的答案——尽可能短，但要直击核心，让人感觉很中肯，很有收获，很有启发。这也是写好干货文章的方法。

2. 人际网络

关于经营人际网络，我分享一个狠招：**深度团结超级连接者**。什么样的人是超级连接者？

第一，**他们的人脉很广，自身很靠谱，很多人相信他们；**

第二，**他们很乐意和对的人分享自己的人脉资源。**

那么，我具体是怎么团结超级连接者的呢？

举一个例子。我在线下交流这件事上花了很多时间。2020年7月，我还专门找了一个环境很好、私密性也很强的地方，用来会客。

在接待方面，我是很用心的。我会做好迎来送往工作，会用心地和对方分享商业秘籍，解决他们的问题，如果有必要，我还会为对方联系资源。总之，绝大多数时候，大家的体验都很好。

来这个地方的人，基本上是有一定影响力的人，其中很大一部分人属于超级连接者。我为他们提供了很好的体验，也为他们提供了价值，他们也很可能会自发帮我做传播。我通过他们，能联系到很多我想要找的人和资源。

3. 身体

如果你总是精力不够、"电量不足"，那么，你是很难把事情做好的。

我个人认为，好好养生，以下几点很重要。

好好吃饭：我会好好做饭，尽可能不吃外卖。

好好运动：现在，我每天都会跳舞，再做 100 个俯卧撑和 100 个开合跳。

好好睡觉：在绝大多数时候，我能保证睡眠时间充足。

好好体检：我会做深度体检，尽可能要求自己不要讳疾忌医。

好好做事：我会跟对的人在一起"做自己热爱、擅长且能得到美好回报的事情"。

4. 资金

钱是好帮手，它能帮你解决很多问题，省去很多烦恼，还能促进你进步。

关于如何用钱进步，我分享一招：**多买优质社群的门票。**

互联网越来越发达，但是很多你需要的人、信息、资源、机会，并不是单靠搜索就能获得的。你得进入各种适合你的社群，在里面找到关键信息，换取核心资源，赢得重要机会，与对的人互利共赢。

我加入了很多高端社群，并在里面成为"群红"（社群红人的简称）。这样做，大大强化了我的三大优势：

（1）**见识优势**。在高端社群里，我可以看到很多效果很好的方法，看多了，思路也就开阔了，做生意也会更容易。

（2）**资源优势**。有些资源本就在别人手中，进入社群后，用得体的方式跟别人交换，获取资源并不会太费工夫。

（3）**干劲优势**。有人问我，为什么能这么有干劲，每年都在高效精进。原因有很多，很重要的一条是，我在很多高端社群里结识了大量很优秀、很有干劲的人，经常跟他们在一起，被他们影响，我很难没有干劲。

千万不要只埋头做事,我们还要通过好好花钱实现高质量连接,让自己获得以上三大优势,这样才更有可能干一年顶十年。

5. 关键背书

其实,不少人的能力是很强的,但是缺乏关键背书,所以他们在对外推广的时候,很难赢得别人的信任,也很难成交。

什么是关键背书呢?我认为关键背书包含以下三方面内容:

(1)你的个人战绩。

2019年,我在"樊登读书"上的年度分享内容,9.9元一份,一个星期内销量突破11万份;2020年,我的《一年顶十年》上市不到一个月,发行量达20万册;2020年,当当影响力作家评选,我在"职场导师"这个类目里,排名第一。这些个人战绩就是很有说服力的关键背书。

(2)谁跟你学。

学生的水准,能很好地体现老师的水准。

举个例子,如果你看到很多个你非常认可的人,都在跟某一位老师学习写作,并且对老师给出了很高的评价,而刚好你也在找写作老师,这位老师的写作课你也买得起,那么,你是不是很有可能就去报名参加他的写作课呢?

我相信大部分人的答案是肯定的。

(3)谁找你做事。

有些人的水准非常高,他不会做你的学员,但他可能会请你做事,比如,聘请你做他的顾问。如果你能成为一些高水准的人或平台的顾问,这也能证明你很有实力。

就像我做图书营销业务已经三年多了,至今未盈利,但我照样乐此不疲，为什么？

很重要的一个原因是，当我成为很多畅销书的营销顾问，并在这些书上留名，我会变得更有说服力，我的其他业务会开展得更好。

容器

我认识一些人，他们喜欢到处连接，也会很努力地付出，但是他们很难赚到钱。我分析过原因，其中很重要的一个便是，**他们对外连接的时候，没有带不错的"容器"。**

我这几年虽然不公开露面，但是私下见了上千位"牛人"和智者，也在线上接触了大量的人，在这个过程中，我会不断对他们进行分类，并将一部分人装入不同的容器里。

在对外连接的过程中，我主要使用以下几种容器。

1. "老铁"容器

适合跟着我学习的人，可以进入我的学习型社群。我把社群成员称为"剽悍老铁"。

2. 客户容器

有些人的整体势能比我强，不适合跟着我学习，但是他们又很需要我，希望建立合作关系，他们可以成为我的客户，我为他们提供咨询和其他支持。

3. 盟友容器

有些人既不适合跟我学习，也不适合做我的客户，但非常适合和我共同成长、互帮互助，我会把他们发展为我的盟友。

4. 老师容器

如果对方特别值得我学习，且不适合装入以上三种容器，我会把他放入老师容器。

如果一个人有能好好为他指路的老师，有很多高水准的付费学员，有几个势能很强的客户，再有一群能互帮互助的高能盟友，那么这个人的能量肯定不会弱。

大家一定要有容器思维，把不同的人装到合适的容器里，习惯性地带着容器去社交、去连接，这样的话，你的社交效率会更高，在对外连接的过程中，收获更大。

验货

一开口就让别人买你的高价产品，很可能会让对方为难。但让别人先好好验货，再谈交易，成功的概率更大。

关于验货，我分享三个要点。

1. 干货

人们可以看我的微信公众号，这是免费的；可以看我的书，打完折后也就二三十元；也可以看我的知识星球付费专栏，费用也就几百元。

总之，大家可以不花钱，或者以较低的价格获得我输出的干货内容，然后再决定要不要购买我的高价产品。

2. 参与

我有一个产品，名为"剽悍财富行动营"，收费 1299 元/人（早鸟价 999 元/人），交付的内容很多，学习任务也不轻——要连续打卡 22 天。很多人全程参与了，觉得收获特别大。这些人，通过参加行动营好好验了货，之后更有可能付费购买我的其他产品。

用户参与度越高，收获感就越足，收获感越足，满意度就越高，满意度越高，就越有可能购买你的其他产品或者帮你转介绍客户。

3. 面试

以剽悍商业私塾为例，在报名流程里，有两次面试，报名者可以通过面试感知我们的专业水准，这也是在让对方验货，如果对方觉得我们能很好地帮到他，那么，他就更有可能付费。

耐心

有人曾问过我这么一个问题："你能卖高价产品，核心秘诀是什么？"

如果只能说一个秘诀，那就是耐心，足够的耐心。

我始终坚信，只要我持续进步、持续推广，就会有人相信我，就会有人愿意来购买我的产品。2018 年，我决定做高端业务，于是，我推出了 20 万元/天的咨询服务，并花钱买广告位持续宣传。

我当然不会期待立马就能把高端业务做起来。但我有一个很大的优点，那就是很能熬。为什么能熬？不只是因为认知、性格，更重要的一点是，我还有别的业务，哪怕高端业务不赚一分钱，我也能做下去。不管有没有人找我，我都要练好基本功，做好宣传。

从 2018 年到 2024 年，已经七个年头了，越来越多的人接受了我开出的价格，接受了我的高端定位。

不在场

我先问三个问题。

第一个问题：这么多年，你读了这么多书，最喜欢哪个作者的书？

第二个问题：你长这么大，读了很多故事，谁是你心目中最厉害的英雄？

第三个问题：那个作者和那个英雄，你近距离见过吗？不一定吧。

我认为顶级的影响力，是不在场的影响力，即不在场仍能产生影响力。

获得"不在场"影响力的秘笈是什么？我总结了十二个字：**活成传奇、著书立说、后继有人**。

活成传奇：如果你有很了不起的经历，别人会忍不住传播你的故事，帮你去影响更多人。我之前在多个平台成为第一，其实就是在打造里程碑事件，让自己的故事更有传奇性。

著书立说：如果你出版了一本很吸引人的书，别人读它，就会受你影响。

后继有人：如果你有多个得意门生，他们很有能量，在你这里收获很大，并且持续传播你的美名。你想，你的影响力是不是会变得越来越大？

我认为顶级的影响力,是不在场的影响力,即不在场仍能产生影响力。

加减法

做事业，学会加减法很重要。基本原则就是，**在极为重要的事情上好好做加法，在非必要的事情上大量做减法**。我会重点做我极为擅长的且能产生巨大价值的事情。

我平时不在办公室坐班。我们的剽悍个人品牌创业教练班（原全职团队）一共有5个人，大家都是千里挑一的好苗子，很好学，有野心，执行力强，他们自己注册公司，自己创业，负责我这边的业务。

这样，我在管理方面做减法，腾出很多时间去做我极为擅长的且能产生巨大价值的事情。

很多人对我的印象是，只要一出手，就会很厉害。实际上，这也与加减法有关。

我平时大量给"对的人"提供价值，不断练本事，不断积累资源、势能，这是做加法；平时大动作很少，瞅准了机会，才去大干一场，这是做减法。

积累的能量足够大，大动作足够少，一加一减，胜算自然就大。

三本书

做个人品牌，有三本书，你一定要读。

第一本是**《论语》**，这是一本饱含生命智慧的书，我累计朗读了1000多天，收获巨大！

第二本是**《人性的弱点》**，这是一本教我们好好做人的绝佳教材。

第三本是《**影响力**》，这是一本营销奇书，读懂了，你会发现它价值连城。

四 "li"

经营个人品牌，这四个"li"极为重要。

第一个 li，利益的利，你要让很多人迅速知道你能给他们带来什么好处，而这个好处，是很多人非常需要的，且很愿意付费购买的。比如，我能给目标客户带来的好处是，帮助他们变得更贵、卖得更多、活得更好。

第二个 li，案例的例，有足够多的成功案例，你就能让更多目标客户相信，你真的能给他们带来你所说的好处。

第三个 li，道理的理，如果你讲得很有道理，能让目标客户很有收获、很有启发，那么，你的吸引力会非常大。

第四个 li，力量的力，指你的个人故事能激励他人、能给他人带来力量，你很擅长激发他人的内在动力。

一些创业心得

（1）经营个人品牌的关键法门：对己，要"自命不凡"；对外，要震撼人心。

（2）想让自己更"圈粉"，与其展示奢华生活，不如展示成功案例、深刻见解。

（3）人和人之间是会互相影响的。"师教徒三年，徒教师三年"，要想成为一名特别厉害的老师，你需要特别优秀的学员来激发你。

恒星闪耀：高客单新个体

（4）打磨出特别能吸引目标客户的内容，并大力传播它。

（5）丰富生命体验、保持阅读习惯、常与高人交流、大量答疑解惑，是灵感源源不断的超级秘诀。

（6）只要你的产品能很好地帮到别人，你就应该坦坦荡荡地卖。

（7）阅读经典，践行经典，传播经典。

（8）什么是真正的富贵？很有智慧是富，贡献很大是贵。

（9）专注且喜悦的人，很有魅力。

（10）高质量的陪伴，是顶级的奢侈品。

（11）修炼你的自然魅力。当别人不知道你是谁时，仍然会很喜欢你，这说明你很有自然魅力。

（12）世间最大的善，是你活出了精彩的人生，并且有很多人因为你的存在而受益。

（13）真正的福报，不是你做了什么事，未来会得到什么好处，而是你当下就能做很有意义的事情。

（14）如果你能给很多人带去信心、勇气和希望，你就配得上很大的影响力。

（15）深度成就少数人，广泛影响更多人。

（16）让自己变得更好，是解决一切问题的关键。

恒星闪耀：高客单新个体

维系高端用户，持续赚钱

■ 钠钠

"90后"连续创业者
电商平台石上生活创始人

恒星闪耀:高客单新个体

我是钠钠,电商平台石上生活的创始人。

你敢相信吗?飞天53%vol 500 mL贵州茅台酒一人限购一瓶,上架1秒1000瓶售罄;3000多元的赫莲娜黑绷带面霜,上架1分钟2000瓶抢光;我和行动派合作的收费几千元的线上课程,直播间还没介绍完,1000份售罄。

这是石上生活平台经常出现的情况。

用户不用考虑真假问题,不用考虑价格是否合适的问题,只考虑能不能抢到的问题,因为他们深知石上生活平台的价值观,相信在这个平台上没有假货、没有高价。

用户的极致信任,是我过去11年经商最引以为豪的,正因为把服务和品质当作是企业生存的命脉,石上生活才有这么强大的粉丝黏性。

我连续11年创业,在30岁之前实现了相对财务自由,随后创立了生活美学平台——石上生活,3年积累了500多万名用户,年平均营收额达10亿元。这些成就来自我对商业和金钱的深刻理解。

在这个时代,有个问题几乎人人都在思考,那就是——怎么才能持续赚到钱呢?

要回答这个问题,首先得思考,什么是商业?**商业的本质是交易,是价值交换**。

石上生活创立后,第一年营收额达到4亿元,源于过去在做天猫电商时,我们提供给用户的永远是超出他们预期的产品。

当今,你生产出的任何一款产品,都会被快速复制,要想突围,必须赋予产品附加价值,所以我们在提供产品时,还会利用社群开展一系列的活动,为用户提供情绪价值、陪伴价值、文化价值、成长价值等。

泡泡玛特在 2023 年上半年，实现营收额达 28 亿元，利润超过 2022 年全年的总利润。创始人王宁曾被人问道："为什么用户会一直买你们的玩偶？"王宁说："情绪价值。"

世间万物，情绪最贵。我们的石上生活平台，每天中午 12 点上架不同的产品，就像每天打开一个和泡泡玛特一样的盲盒，给大家生活增添了一份期待和惊喜，所以我们的用户常说，一辈子总要去一次南极，一天总要在石上买一次东西。

每一次打开小程序，点击上架新品，每一次进入温暖的石上社群，都是一次开盲盒的神奇之旅。这就是我们与众不同的附加价值。

疗愈价值也是附加价值，这几年，很多产品销量下滑，香薰蜡烛的销量却逆势增长，这是为什么？这背后是疗愈经济的崛起。

全球健康研究所的报告《全球健康经济：超越新冠病毒》预测，全球疗愈经济将以每年约 10% 的速度增长，到 2025 年，疗愈经济的市场规模将达到 7 万亿美元。

很多时候，人们买的不是一个产品，而是一份陪伴。我们的社群被称为"日不落"社群，和一般的带货社群不同，我们的社群不仅提供产品和商业信息，还提供爱商、财商、美商、情商等多个维度的内容，也会组织各种露营、野餐、全国各地的线下主题沙龙等。我们的目标是把大家聚在一起享受生活。

在石上社群，每个人都能得到深度的疗愈，每个人都能被看见、被理解、被爱护、被赞美，所以大家愿意每天待在石上社群里分享。生活里的烦闷和不愉快，都会被群里令人释怀的图片和滋养人心的文字吹散。

这也就是我们可以把客单价和复购率做到遥遥领先于同行的原因。

很多时候，人们买的不是一个产品，而是一份陪伴。

创业以来，我一直坚信，宁愿赚有钱人的零花钱，也别赚穷人的救命钱。**用户在筛选平台，我们也通过自己的定位和调性找到匹配的用户。**

我从 11 年前创业的第一天起，就在做国际大牌美妆的交易，拥有一群高消费力的用户。石上生活用产品筛选出了一批高端用户。

高端用户的商业价值非常高，而且服务起来更轻松。他们往往更愿意为产品的附加值买单。高端客户在消费的时候，能结识一群志同道合的人，大家还能互换资源、互相扶持、互相鼓励，消费也就变成了一笔投资，何乐而不为呢？

不需要担心高端用户不够多，与其把 1 个产品卖给 1000 个用户，不如把 1000 个产品卖给同一个用户。当我们能真正为一个用户全方位地提供产品和精神价值的时候，他（她）就会成为我们的终身用户，持续认同我们，喜欢我们，追随我们。

石上生活为满足高等收入女性的需求而生，从生意、生活、生命等多个维度来满足她们全方位的需求。

这条需求之河的上游是生意。我们选出每个垂直领域的爆款产品，选出具有极致性价比、极致高品质的好产品，为用户节省时间，与用户交易。

需求之河的中游是生活。高品质、高调性、高颜值的好产品，为用户提供极致的审美享受，产品交易的背后，也为用户打造美好的生活。

需求之河的下游是生命。一个人的物质生活得到满足后，就会产生自我实现和领导、服务他人的需求，所以，我们也会带着大家一起去做慈善和公益，承担更多社会责任，影响更多生命。

恒星闪耀：高客单新个体

　　每个人在这里都可以成为领导者，去引领身边的人通过自我成长、陪伴他人、商业实战，成为更好的人。**在一个不断向上的圈子里，每个人不断以生命影响生命，让自己成为一道光，也去点亮身边的人心里的光，就会提升生命的质量。**

　　当一个人对未来几乎所有的想象都可以在这里实现，当一个人全方位的需求都可以在这里得到满足，石上生活也就拥有了独一无二、不可替代、持久不变的价值。

恒星闪耀：高客单新个体

在新时代，打造属于自己的私域

■ 高海波

"私域卷王"

蓝鲸私域 CEO

鲸潮科技创始人

福布斯环球联盟创新企业家

操盘的私域项目年销售额超 25 亿元

恒星闪耀：高客单新个体

我是高海波，是蓝鲸私域的 CEO、鲸潮科技的创始人。

过去 8 年，我专注于品牌私域，曾利用私域实现年变现 25 亿元，朋友们都叫我"私域卷王"。而现在，我成立鲸潮私董会，协助更多品牌创始人成为 IP。

不做流量 IP，而是做搞定关键关系的招商 IP

成为 IP 之后，我最大的惊喜，其实不是有很多客户找上门来求合作，不是有更多机构请我去授课，而是我们团队，从这一天起，可以挺直腰板了。

难道以前挺不起来吗？真的挺不起来。虽说我们在整个私域行业内赫赫有名，但在甲方和大 IP 面前，我们还是不得不低声下气。

但是在我做了 IP 之后，我们团队的工作环境开始变了。

我和团队去雀巢对接一个品牌的私域项目，对方的一位高管看到我走进办公室，立马说："海波总，我看过你的直播，讲得很好，颗粒度很细致啊！来指导指导我们吧！"

某奶粉品牌招标，团队决定由我来提案，对方赶紧说："哎呀！那多不好意思，还没成交就让你们高总来，要不我们先合作一个小案子，有了合作基础，再让你们高总出马。"

客户想招募更多商家入驻私域平台，我请他和我连麦一次，我在几百个群里发布了他的招募信息，一次性就有几百个商家入驻，后面的合作也很顺畅！

这让我意识到创始人 IP 的巨大影响力。

在为鲸潮私董会的私董提供高质量服务的过程中，我接触到了许许多多的创始人。有的创始人，凭借极致的人设以及全域流量，每条内容、每场直播都能谈下大业务，既有面子，又有里子。

当然，也有很多做得不顺的创始人找我诉苦，说尝试了不少内容，在公域有了爆款产品，但根本不赚钱。

在我看来，他们竭尽全力，却只获得了最底层的"曝光价值"。更可怕的是他们被浅层流量数据所遮蔽，看不到在更高地方还有巨大的品牌价值、招商价值和社会价值，等待我们去体验、去挖掘。

品牌创始人 IP 的核心，不是做流量 IP，而是做搞定"关键关系"的招商 IP。

全球最成功的企业家，都把品牌创始人 IP 的势能和品牌力，变成实实在在的营收和市值。

但 99% 的创始人都不具备这种眼界和能力。这个问题，成了一个大大的结，堵在我的胸口，直到鲸潮科技的投资人、智海王潮传播集团的总裁谌立雄对我说："海波，中国需要你这样的先行者，用你的思维，帮助今天的品牌创始人。"

我带着这个使命出发，帮更多人抵达了更高的地方——

烤肠大叔唐健：创业失败后，选择街头卖烤肠，正直、有担当成为 IP 的内核。我给他设计了"直面人生，永不后退"的人设、"堂堂正正做肠"的广告语，用人设强化品牌认知，帮他实现了全网 4 亿次播放量、成交额超一千万元的业绩。

熊猫妈咪创始人贾文君：创办了云南知名的产后康复连锁机构，我为她设计了"妈妈进化论"私域平台和"熊猫母婴商学院"的"自营＋平台"双轮模式。

芭姿品牌创始人张薇：深耕化妆品行业 18 年，服务超过 5000 家门店，我给她设计了美妆门店的 IP 私域课程和运营体系。

全球最成功的企业家,都把品牌创始人IP的势能和品牌力,变成实实在在的营收和市值。

此外，我为习酒电商构建品牌私域 IP 和自有 App 商城，帮助其用"君子文化"精准触达客户，4 个月商品交易总额累计突破一千万元。

一个个真实案例，让越来越多的品牌创始人相信，他们只需要做好自己最擅长、最专业的事，其他的都可以交给我，交给鲸潮私董会。

做私域，还得有 IP

内容推动成交，成交推动内容，从而裂变出越来越多的合作机会。

为什么？因为中小企业的生意，比的就是老板的人脉和圈子，中小企业老板需要的是确定的合作机会。反观很多品牌创始人，他们"唯流量论"，认为流量才是一切的起点。但对于 95% 的品牌创始人而言，在私域做 IP 更高效、更靠谱。

在我看来，品牌创始人只要做好两件事：

（1）**优化公域投放效率，抢流量。**

（2）**提升私域的转化率，抢利润。**

我们针对不同行业、不同品类、不同用户，都有着非常齐全的公域和私域运营的标准作业程序。我们服务过的品牌，大都对我们的服务非常满意。比如，我们在 2023 年为一个白酒品牌运营私域项目时，多项直播数据破纪录：发售单场观看人数超过 10 万人，互动评论超过 2 万条，场均新关注人数超过 1000 人，转化率稳步提高。将更多用户引入私域后，我们帮助该品牌在私域发售单场的商品交易总额突破了 10 万元。

此外，我们还为其打造IP，让品牌持续曝光。

请记住，**IP是起点，私域是内容的策源地、变现的阵地，公域是势能放大器**。

95%的品牌创始人，按照我们的体系，都可以利用品牌创始人IP在私域赚到钱。

做不出好内容、没有流量、不会在私域里面赚钱的人，无非就是不懂顶层设计、缺乏系统意识。很多中小企业的老板以为做IP就是拍好视频然后在各大平台发布，殊不知中小企业老板做IP最佳起点不是公域，而是私域。

很多品牌创始人为了追求所谓的质感、所谓的专业，大费周章地拍摄"大片"，但如果他的用户下沉、接地气，这种方法只会让他和用户的距离越来越远。

先把自己的定位搞明白，把朋友圈、社群维护好，把图文输出的能力锻炼好，再练拍摄视频的能力，才更不容易失败。

恒星闪耀：高客单新个体

3年出海带货10亿元，引领全球TikTok浪潮

■ 笛子

日不落集团董事长
福布斯环球联盟创新企业家
畅销书《TikTok爆款攻略》作者

恒星闪耀：高客单新个体

你好，我是笛子，人称"跨境卷王"，一年跨境带货金额达 2 亿元。

2018 年，我从亚马逊起步，正式进入跨境行业。因为熟悉美国文化、很会选品，所以早期我的利润率非常高。那时，我每次和国内朋友聚会，都会开玩笑说："走，咱们出海去'卷'，机会真的多很多。"

可谁都没想到，后来我就遭遇了一次"血雨腥风"——我的新项目花了 500 万元，又被亚马逊"冻结"2000 多万元，还得每个月再砸 50 多万元来维持运转。

我如临深渊，想着做 TikTok、Facebook 和跨境独立站活下来。2022 年，我带团队成功运营了几百个 TikTok 账号，累计涨粉 2000 多万名，单个独立站的销售额达 1.3 亿元。

2023 年，我受到几十家企业的邀请，与它们达成了国货出海项目合作，实现了 10 亿元国货畅销海外的目标。我的新书《TikTok 爆款攻略》出版后在国内掀起一股 TikTok 跨境新潮流。

我发现，身边的朋友越来越需要我了，因为越来越多的人想要了解跨境出海，他们认可 TikTok 的未来，但又难免担心：

"咱们在国内都有一万种'卷'法，如果去海外，是不是很自不量力？"

"TikTok 就是 5 年前的抖音，所有行业，都值得在 TikTok 重新做一遍。"这句话在 2022 年是正确的，在 2023 年也是正确的，我认为现在依然是正确的。

无论是想让产品畅销海外，还是想做海外"网红"，甚至是做海外的知识付费，都有着巨大的机会。

或许有人说："我现在在国内，躺得好好的。"可如果我告诉你，把你现在的业务加上 TikTok，可以多赚 10 倍，你还能接着躺吗？

让我先从我的故事说起。

血亏 2000 万元，我如何用 TikTok 绝境翻身？

两年前，我们在亚马逊做得很不错，我的单品是亚马逊的"品类王"，还迅速在国外扩张，有 20 多家网店，团队也扩张到 70 多人。

每月几百万元的流水、持续的利润到账，让我的合伙人、公司高管都有点"飘"。但我心头总会涌起一种无名的焦虑，担心会被"反噬"，名利全失。所以，我做了一个"离经叛道"的决定——把亚马逊业务交给合伙人，而我，作为创始人，去寻找新的业务增长点。

尽管无数次被质疑杞人忧天，我还是坚定地从"工作狂"变成"社交狂"，付费参加各种高端论坛和学习线下课程。我想看一看，厉害的人到底都在干什么。

一开始，我看到抖音直播风生水起，内心也跃跃欲试。但当我听到抖音创业者的真实数据，很多每场观看人数超过 10 万人的直播间都在亏损，我才打消了这个念头。是啊，抖音平台上优秀团队和 IP 真的很多，他们都压力如此巨大，我这种一直在海外打拼的，真的没有什么优势。

好在，我的迷茫没有持续太久，一个让我无比兴奋的新机会来到我面前，那就是海外版抖音——TikTok。

"TikTok，会不会是这个时代给我的恩赐？"我越想越来劲，于是带着团队一起做，但是很快就被泼了一盆冷水。我们连续更新了一个月，观看量少则几十次，多则近千次。

看着惨淡的数据，我真的很焦虑，就想起了走捷径：我开始疯狂地关注别人，希望得到别人的回关，甚至刷粉、刷赞，做一些博眼球的内容，疯狂蹭热点。这样做虽然有流量，却是虚假的流量。我们有流量，却没有成交，甚至因为错误的流量标签，多个账号被投诉、被封号。

当我在摸索着开展 TikTok 业务时，另一个巨大的危机发生了。亚马逊展开了一场针对中小商家的"大规模封号"，中国商家是这次封号的"重灾区"。那几天，我不敢打开微信，因为要么是同行找我借钱，要么就是"××跳楼""××老板跑路""××公司解散"的消息，朋友圈里一片哀嚎……我自己的 20 多家网店也全部被封，200 多万美金无法提出。加上海外仓库里和海上漂着的价值七八百万元人民币的货，一共损失了 2000 多万元，我几乎败光了全部身家。多年奋斗的结果，一夜归零。

财务给我算了一笔账：如果继续做 TikTok，继续做独立站，不算广告投放费用，每月光工资就需 30 万元，都要我从自己的腰包里掏钱。

面对来自团队内外的前所未有的巨大压力，我非常痛苦，非常纠结。To be, or not to be? 究竟是进行一场豪赌，继续砸钱，还是及时止损，彻底离开跨境电商这个赛道？我给自己放了 3 天假，做了创业后的第一次深刻反思：为什么我在亚马逊能挣钱，但在 TikTok 就不行了？

直到在本子上记录下我做过的一切，我方才醒悟，眼前如此巨大的危机，根源在于：我自认为找到了风口，并沾沾自喜，但仅凭一腔热情，忽视了商业的本质。

亚马逊的底层逻辑和 TikTok、独立站有很大区别。我对核心骨干进行安抚，并且将业务进行了一次快速的"断舍离"，我和团队明确了关键目标——**死磕内容，撬动 TikTok 流量**。

我把工位搬到负责剪辑的员工旁，每天雷打不动地守着他们打磨、优化内容，一帧一帧地抠细节。那几天，我掏空了自己所有对内容、对美国文化的认知，不惜花 6 个小时，去打磨一条 20 多秒的视频。

做内容的过程很苦，但坚持下来的质变真的喜人：播放量从几十次涨到几十万次，粉丝数越来越多，"99＋"的红点点都点不完；评论区为之一变，"怎么购买产品？""有没有新款？""我很喜欢你的作品"；有用户点开在主页上的独立站链接，自主下单。

我们终于迎来了曙光，看到后台如潮水般涌来的新订单，我对眼中泛起泪花的运营人员说："我们终于可以活下来了。"

我不敢浪费一分一秒，果断宣布转型，从 0 启动几百个 TikTok 账号的"注册—起号—运营—带货—私域—复购"的完整闭环，多个产品实现了销售额突破一千万元。

就这样，尽管遭遇 2000 多万元资产"消失"，我们依然抗住了一波波"余震"，成了为数不多的"幸存者"。

我也得到了一个血泪教训：一定要时刻保持危机感，才能真正拥有安全感。

《教父》中有一句经典台词："把意外当作是对个人尊严的侮辱的人，永远不会再遭到意外。"经历这次危机后，我不再把所有的遭遇都归结于运气好坏，而是在每一次危机来临前，去践行我的七字箴言：**交学费，长硬实力**。

今天抖音平台上有很多机会，我相信未来的 TikTok 也会如抖音一样。我的学习范围，也早已不局限在海外，而是关注国内外每一个增长的领域。

一定要时刻保持危机感，才能真正拥有安全感。

在看到国内电商的私域浪潮后，我尽可能把 TikTok 和独立站的用户都沉淀在海外私域中，如今我们海外私域用户已突破 10 万人。

在很多人眼中，我就像时空穿越者，在亚马逊危机来临前，就探索出一整套 TikTok 变现方法，在别人试图摸清 TikTok 的规律时，我已经有了稳健的海外私域。

我想说，所有的跨越周期，究其本质只有一句话：**顺境居安思危，逆境乘风破浪。**

为什么 TikTok 将是新一轮的增长红利？

TikTok 刚出现时，我异常兴奋，因为这对我来说，绝不仅是多了一个营销渠道那么简单，它的出现颠覆了整个生态。

为什么我会如此看好 TikTok？

1. TikTok 市场更大、流量更稳定且用户消费能力强

我们圈子里有一句话："**抖音是狼多肉少，TikTok 是肉多狼少。**"

中国有 14 亿多人口，有 300 万位以上的优秀创作者且每年几乎都在成倍增长。TikTok 的潜在用户有 60 亿位，但只有 30 多万位普通创作者（很大一部分是中国的创作者），竞争激烈程度明显小得多。

在 2023 年上半年，我们仅凭"TikTok 自然流打法"，从 0 启动项目，就可以快速做到几百万元营业额。

在我心中，字节跳动是一家伟大的公司，抖音的去中心化和推荐算法机制，已经颠覆了整个移动互联网的流量逻辑。我相信，TikTok 在追逐"5 年目标"的同时，也一定会给行业带来大量的机会。国内从业者的内容制作、直播、销售能力都极其出众，不应错过这个机会。

2. 超级个体＋TikTok，可以将营收额放大百倍

做 TikTok≠电商带货，电商只是主流变现方式之一，而且门槛不低。我认为，**当前最适合国内从业者的，其实是我们耳熟能详的 IP 业务**。

抖音的 IP 业务，确实竞争非常激烈，但 TikTok 的情况不一样。

我们同一个 IP 在 30 天启动期后，在抖音上只有 1000 多个粉丝，在 TikTok 总计有 50 多万名粉丝。

AI 的崛起让翻译和配音不再是问题。经过大量测试，一条中文素材改成几条 TikTok 素材，只要多花 20％的时间，但是收益可以增长 100 倍。

音乐、绘画、烹饪、瑜伽、舞蹈、书法、金融等课程非常火，这些课程在 TikTok 上的单价可以卖到几百美元。

因此我经常说，在抖音想做几千元的产品，需要用心设计课程内容以及交付，还要担心同行的抄袭和恶意举报。但在 TikTok，只要做好内容和销售，就可以轻松成交高客单。

从 2023 年开始，我不再只埋头做自己的业务，还开始帮助更多中国企业将国内的好产品卖到海外去。

所有的企业都在关注产品跨境出海。未来，我希望我可以成为帮助中国企业出海的企业家。

恒星闪耀：高客单新个体

瞄准未来 3 年最赚钱的职业

■ 格掌门

以人为本科技有限公司创始人
知识操盘顾问

恒星闪耀：高客单新个体

我是格掌门，8年商业IP操盘手。

我服务过100多个项目IP，操盘项目累积变现达1亿元，目前自己也做IP。2023年，我完成了"三级跳"，从操盘手，到操盘手IP，再到经营MCN（一种专门为网络视频创作者提供服务的机构）公司。我培养了1万名操盘手，成立了操盘手私董会，孵化了多个IP和垂直赛道项目。

这两年，大部分行业都不太好过。我身边35岁以上的高管，几乎都受到影响，轻者降薪加班，重者直接被裁，还有人甚至因为找不到工作，转行做滴滴司机、外卖员。一夜之间，各行各业的高管都面临着或即将面对"中年危机"。

我曾经的几个同行，他们培养运营官，我培养IP操盘手。几年前，他们的招生量是我的好几倍，而这两年，他们跟我说，行业不景气，学运营的人越来越少，问我应该怎么转行。

要转行的运营数不胜数，而IP操盘手异军突起，我身边出现了许多年入一百万元，甚至数百万元的IP操盘手。

今天，我把我最近的操盘认知，在这里分享给想要成为IP操盘手的人和想要找操盘手的IP。

每次我跟IP吃饭，大家最头疼的事情，都是自己的团队问题。因为找不到优秀的IP操盘手，许多IP都是自己带团队。每天听七八个人的汇报，极大地分散了IP的精力，结果导致IP根本无心创作。

哪里有抱怨，哪里就有机会。

在我看来，IP操盘手的本质就是什么都懂的"高级运营"，账号运营、投流、直播运营、私域运营、社群运营、活动发售、编导文案、内容策划等，他们都有经验，都懂。**关键是，顶级的IP操盘手还需要体会和处理IP的情绪，做IP真正意义上的合伙人。**

基于我过往 8 年的操盘经验，我洞察到如下几点。

（1）从今往后的项目合作，更多的是**全方位的合作**。

（2）即便是操盘手，也要**学会利用流量，拥有自己的市场影响力**，才有机会去挑选好的项目，整合优秀人才。

（3）**每个垂直赛道都应该有自己行业的顶级操盘手**。

要学会用操盘手的能力做项目，用操盘手的商业思维去变现。

我最骄傲的成绩单，是聚拢了一群优秀的操盘手并成立了首个操盘手组织。在这里，我们相互陪伴，解决了操盘手的三大难题：

（1）**操盘手成为 IP**。

（2）**操盘手的技能升级**。

（3）**操盘手的项目对接和发展**。

我经历了从幕后走到台前的整个过程。

2023 年初，我还是一个幕后操盘手，受邀参与 4 个亿元级项目的操盘：

我带着 4 个人的团队，从 0 开始搭建体系，在客户公司挑灯夜战 3 个月；

我们帮助年收入 20 亿元的老板做创始人 IP，带着几百家门店完成盈利 3 亿元的线上发售；

用 3 个月的时间完成了中英双语课程，并在海外上线该课程，带着教练团队完成海外课程交付。

在这个阶段，我是一个幕后操盘手，我负责让更多好的 IP 和好的产品被更多人看见和购买。

2023 年 3 月，我决定聚拢更多的操盘手，带领他们成为 IP，帮助他们赚到钱。我决定做一个操盘手私董会，用 3 个月时间来筹备。2023 年 6 月，我完成了我的第一场发售，短短一周时间，我们招募了 264 人，交易金额突破 400 万元。

之后，我又相继举办了 2 次线下大课，第一场有 260 人参加，第二场有 400 人参加。第二次发售，我招募了 170 人。短短 2 个月时间，我的操盘手私董会人数达到 482 人，总交易金额突破 1000 万元。

我搭建了操盘手平台，经营 MCN 公司，先后用操盘共建的方式完成多个项目操盘，如帮助知名 IP 人间富贵帆、白先生、金刚老师、李菁老师、松松完成发售，负责璐璐小红书的大课、白先生的 AI 大课、格掌门的 IP 操盘大课的线下会销等，实现了操盘手超级个体平台的搭建和业务模型的闭环。

新一代操盘手想要抓住红利，必须要掌握 3 个能力。

1. 流量变现能力：流量只是方法，变现才是根本

操盘手，离钱更近，赚得自然更多。前几年，操盘手仿佛还是流量的代名词，而"围绕变现做流量"已经成了今天的行业共识，IP 面试操盘手时也越发直接，他们往往直接发问："你准备怎么帮我变现？"

很多 IP 粉丝量不大，但是变现金额大得惊人。举个例子，一个拥有 100 万名粉丝的账号，一年变现 2 亿元，养活了 207 人的团队。可在 2 年前，这个 IP 的目标还是扩大流量、接广告。在更换变现操盘手后，该 IP 直接导入私域流量，开启"多元变现"模式。

操盘手，不仅是未来商业的流量密码和变现密码的解码器，还具有整合资源、扩展需求、管理团队的能力，可以无限增加 IP 利润和延长 IP 生命周期。

操盘手,离钱更近,赚得自然更多。

2. 生态建设能力：多项目 & 多 IP 孵化，不断占据更高的生态位

毛毛姐、豪车毒老纪等 IP 的变现能力持续提升，其本质就是围绕赛道去搭建生态，围绕生态搭建 IP，围绕 IP 搭建产品，围绕产品搭建营销。他们在取得第一阶段的成绩后，继续签约同一赛道的 IP，不断占据更高的生态位。

3. 打造 IP 能力：影响力，就是新时代的"阳谋"

在做操盘手的同时做 IP，有 3 个好处：

（1）**扩大收入来源**。好的项目操盘手，一定会利用"多元变现"模式赚钱。

以我自己为例，操盘的内容可以做咨询，咨询内容可以做成课程，课程可以用来获客。一份时间，可以产生 3 份收入。

（2）**拥有更大的"议价权"**。很多操盘手 IP，看起来粉丝只有 5 万人，但都是精准粉丝，实际影响力很大，可为 IP 引流，在 IP 商谈合作时拥有更大的"议价权"。

（3）**更容易接到好项目**。有操盘手 IP，各种大项目会主动找上门，因为案例就是最好的业绩证明。

操盘手的终极发展路径，一定是成为具有商业思维、能完成顶层设计和团队管理的操盘手 IP。

想成为操盘手 IP，需要习得哪些能力？

我根据自己操盘了 100 多个项目的经验，总结出"操盘手 IP 模型"和"全案操盘手模型"，可以为每个想要成为操盘手 IP 的人提供借鉴。

"操盘手IP模型"包括以下7大系统。

定位系统：找准用户，找准"人设"，找准产品，让生意越做越轻松。

基建系统：个人能力与团队能力同步提升，打造核心竞争力。

产品系统：流量产品、利润产品、形象产品、活动产品全覆盖。

流量系统：贯通公域流量和私域流量，同时兼顾线下。

运营系统：提升团队效率，增强用户黏性，让资金投入产出翻倍。

内容系统：高效自动生产文案、图片、视频，彻底激发灵感。

营销系统：从借势到成事，多维度整合策划、传播能力。

"全案操盘手模型"着重培养操盘手的以下8大能力。

矩阵流量：实现低成本内容营销，增强与用户的互动。

直播营销：掌握引流、获客、留资、转化能力。

商业定位：科学定位，抢占市场先机。

产品矩阵：构造领先产品体系，持续成交。

低转高营销：从精准成交到批量成交，实现业绩翻倍。

发售营销：提高成交率和知名度。

会销操盘：线上、线下多场景成交，扩大成交额。

团队分工：充分激发团队潜能，实现高人效、高产出。

此外，我觉得有3个关键词，对于我成为操盘手IP很重要。

第一个关键词：**聚焦**。聚焦是指操盘手IP一定要有一个核心的能力，我的核心能力就是发售，我靠发售完成项目，我也靠发售聚集操盘手。

第二个关键词：**共赢**。这是一个超级个体的时代，我们不一定什么都要会，但是必须要学会合作共赢，做自己擅长的，把不擅长的交给别人做。

第三个关键词：**前瞻性**。要持续研究市场上的新打法、新动向，与时俱进才不会被淘汰。

我希望持续做好操盘手平台，持续带领大家成长、迭代，找到更好的项目。

一个有梦想和愿景的人，不会被困难打倒，总会找到解决问题的方法。

我是江湖格掌门，操盘时代已来，期待与你携手执剑，一起笑傲江湖。

恒星闪耀：高客单新个体

聚焦自然流量，帮助你顺利变现

■ 金刚

九尾传媒创始人兼董事长
全网矩阵总粉丝量超 3.1 亿

恒星闪耀：高客单新个体

没花一分钱广告费，单纯凭借自然流，在全网拥有 3.1 亿多名粉丝，我是怎么做到的？我公司的一个 IP，每月最高变现 2000 万元，又是如何实现的？

大家好，我是金刚，九尾传媒创始人。很多人都非常羡慕我，羡慕我什么呢？羡慕我仅靠自然流，就可以缔造出自己的流量变现王国。

许多业界知名人士，像肖厂长、格掌门、高海波、周宇霖等，经常和我探讨不花钱的变现方法。

他们都问过我同一个问题，为什么在平台规则一直改变的情况下，我还能持续拿到不错的结果？其实，我的秘诀很简单，简单到很多人都不信！

我认为，一家能够源源不断获得可变现流量的公司，并不是因为掌握了多少种方法，而是**因为这家公司，把一两种有效的流量变现方法研究到极致，并且在这过程中，不断优化每个细节**！

同行的公司一个一个消失，而我的公司能存续到今天，并且稳健发展，其实得益于我本人 20 年来的从业经验以及 3 次重大转型带给我的成长和蜕变。

我在 20 年的电商生涯当中，经历了 6 波潮起潮落，这些宝贵的经历，让我能够在一个个平台做生意，更是我能够精准把握趋势、踩中风口的根本原因！

数次创业的失败经历，使我练就了扎扎实实的创业基本功；作为公司的 CEO，每一天我都尽心尽力！每一天，我都在打一场关于流量的硬仗，不下一线。

前不久，我又再次出发，第 4 次转型，从幕后走向台前做 IP。仅 3 个月，我就涨粉无数。我将自己最擅长的利用自然流变现的方法，分享给各领域的 IP、老板和操盘手。

每一天，我都在打一场关于流量的硬仗，不下一线。

在这个过程中，我也听到了无数迷茫焦虑的声音："流量太贵、赛道竞争太激烈！想要低成本、高效地获取流量并变现，真的还有机会吗？"

对此我的回答是：**那些有洞察力、有积淀、有思维、懂方法的玩家，永远能吃到流量变现的红利。**

很多朋友对我表示佩服，询问我如何迅速转换身份，短短 3 个月就积累了一百多万名粉丝。很简单！我只不过是把以前别的 IP 用过的方法，在抖音、快手、视频号用了一遍，你看，又是新的机遇。

我们刚孵化的 IP——金海老师、尹凯老师，都是 3 个月左右积累了一百多万名粉丝、变现一百多万元。

我一直强调"圈子"和"方法论"，为什么？

第一，**任何赚钱的行业都存在信息差**，往往是认知差一步，结果就差万步。很多时候我确实是幸运的，如果不是有圈内高人指点和一路的抱团学习，我肯定也会走很多弯路。

第二，关于方法论，我打个比方，没有方法论，你做 IP、做流量，就是小米加步枪，**方法论就是你与成功 IP 的差距**。

如果你跟着我，按我总结的方法论沉浸式学习，直到对每个操盘的环节和细节都了如指掌，你也能在 3 个月内，把一个 IP 项目做好，甚至顺利变现。

对任何一个新的生态或新的商业模式，第一步永远是正确学习，要彻底搞懂方法论和底层逻辑，多结识些靠谱的同行，多听、多问、多研究。

2024 年，做 IP 流量变现，单打独斗注定很难成功，只有向上借势、抱团作战，才能提高成功率。

毕竟，任何一个行业，走在最前端的前辈就是最好的老师，你可以找前辈直接"抄作业"，也可以加入前辈的项目，与其共创，直到拿到结果。

我做了 20 年的电商，深知抱团成长、互相助力、彼此互相成就的作用。

我决定做一个能高质量交流、提供全面落地方案的社群，我找了两位联合发起人——格掌门和肖厂长。他们都是我很好的朋友，也是最早发现我内心的火焰的两个人。格掌门是专门孵化 IP 操盘手的大V，做了 8 年操盘手，前不久通过视频号 7 天变现了 2000 万元；肖厂长专注私域发售 9 年，累计 3000 万名私域粉丝，年变现最高 6 亿元。

我们一同成立了金刚流量联盟。金刚流量联盟提供系统实战技能培训、顶级人脉、项目实操陪跑服务。

在金刚流量联盟，你可以：

（1）系统学习自然流 IP 运营和变现的全套方法。

（2）持续成长与实战。

我们希望找到更多的机会，找到更多有潜力的操盘手，一起成长、一同操盘。

我是金刚，欢迎你联系我，让我们一起聚集流量，成功变现。

恒星闪耀：高客单新个体

裸辞处长，带娃从5000名逆袭到20名，影响数千名精英家庭的孩子成功升学

■ 王姐

2~18岁升学规划开创者
中国智慧工程研究会"十四五"规划教育科研课题
"升学-成长规划指导实践研究"项目首席专家

裸辞处长，带娃从5000名逆袭到20名，影响数千名精英家庭的孩子成功升学

看到这个标题，你是不是觉得不可思议？

不，这就是真实发生的故事。

原来的我，是一个考试成绩倒数第一的大"学渣"的妈妈，被逼得连国家单位"金饭碗"的处长都没法当了。

现在的我，不仅帮助自己的孩子成功逆袭为"学霸"，还帮助全国很多孩子由学习困难生、中等生变为"学霸"，更成为教育部主管的中国智慧工程研究会智慧教育专业委员会"十四五"规划教育科研课题"升学－成长规划指导实践研究"课题组首席专家和福布斯环球联盟创新企业家，培养了中国第一批有国家证书的升学成长规划指导教师。

这8年来，我不仅主持中国智慧工程研究会智慧教育专业委员会"十四五"规划教育科研课题，还为全国10—18岁的孩子提供签约提分目标和升学目标的服务，更服务过500强企业的CEO、上市公司高管、创业者、专家学者等超级客户。我的学生一学期非学科提分50—300分，成功进入百强名校。我还帮助了数百名乡村教师和数千名留守儿童，是《人民日报》和中国传媒大学的公益合作伙伴。此外，我还是很多知名教育专家背后的隐形老师。

一个成功的忙碌者,往往对自己的孩子怀有愧疚,同时也不能容忍自己的孩子不优秀!

——王姐

第一部分

40岁时,我面临人生的第一次重大考验。

40岁之前的我是一个天之骄女,革命老区吕梁的中考状元,高考也拿到了最好的升学结果。出生在教育世家、常年考试成绩排名第一的我,29岁就成为国家单位最年轻的处长,随后结婚生女,一切顺风顺水。

40岁时,女儿给了我一记"大耳光"——邻居家的孩子,要么被清华附中点招了,要么在人大附中"上岸"了,我家闺女还停留在"学而思杯"的第5000名(我不好意思告诉你,其实是5000人参加考试,她是倒数第一名)。

裸辞处长，带娃从5000名逆袭到20名，影响数千名精英家庭的孩子成功升学

我身上所有的成功光环，被打得粉碎！看到女儿的成绩和迷茫的眼神，我简直后背嗖嗖发凉。

我走遍了升学规划机构和教培机构，没有一家可以提供个性化、精细化的确保孩子成功升学的服务。那一刻，作为母亲的我，真的是叫天天不应，叫地地不灵，心急如焚，无力且无助！

没人干，那就我来干！一定要帮助孩子逆袭为"学霸，这是我心底最有力的声音。

——王姐

第二部分

"女子本弱，为母则刚。"一个母亲，为了孩子，可以做任何她原来无法做到的高难度的事情。

经过深入了解，我才明白，如果没有进入北京海淀区被列入"六小强"的高中，孩子基本就和985、211高校无缘了。这简直太让我这个妈妈震惊了！

女儿上不了好学校并不可怕，没有好工作也不可怕，我相信她的企业家父亲和处长母亲可以托举她很多。但是，**如果她的人生没有被拉伸过，如果她没有为自己轰轰烈烈地奋斗过，那她就失去了一次磨炼自己的绝好机会，她就没有信心成为更好的自己。**

为了女儿的未来，我决定拼了！

白天，她去上学、上辅导班，我去上班、挤时间去听升学讲座、分析招生政策；晚上，她复习功课，我学习教育学、心理学和脑科学，等她休息了，我帮她做学科规划、升学规划，并做错题总结到凌晨两三点。

恒星闪耀：高客单新个体

经过不断迭代，我写了十几本升学规划笔记，我发挥自己宏观大局意识强、落地执行能力强的综合优势，把升学规划、心理学、脑科学、学习力提升和考试方法等融合在一起，打出一套组合拳，这套系统后来入选中国智慧工程研究会智慧教育专业委员会"十四五"规划教育科研课题。

奇迹般地，一个学期后，女儿的总成绩从 5000 多名，竟然逆袭到了 500 名！不仅如此，她的奥数还获得了"迎春杯"一等奖、"华罗庚杯"一等奖。

我和孩子喜极而泣，相拥大哭，我们都太不容易了！这背后的酸甜苦辣真的只有我们自己知道。

最终，女儿被海淀区多个"六小强"重点中学实验班录取。

成功逆袭为升学专家，是我想奉献给社会的礼物。

——王姐

第三部分

使命在召唤，我决定裸辞，投入全部精力做升学规划和升学陪跑。

闺蜜问我："你都 40 岁了，害怕离开稳定的体制内吗？"

我回答："害怕，但是一想到我的使命，我无所畏惧。"

我在帮助自己孩子的过程中，很多同龄的妈妈凑过来向我学习经验。我发现，我似乎对于升学提分是有天赋和优势的。

第一，我从小就是轻松学习、不费力的"学霸"，懂得科学、不紧张的学习方法；

第二，我从小就喜欢孩子，无论是多懒惰、多不听话的孩子，我都能在 30 分钟之后和他打成一片；

第三，我从 30 岁开始，在工作之余学习研究心理学和脑科学，我对家长也很有耐心，知道他们的问题在哪里；

第四，我有系统思维、规划思维，能够给每个迷茫的家长提出几个关键建议，他们实操后，效果甚好；

第五，我愿意帮助他人成功，认为成就别人就是成就自己；

第六，我很善良，做人靠谱实在，并且从小就不藏私，愿意和他人分享，并不断成长，每年付费几万元甚至上百万元，向行业顶级的专家学习。

我也非常痛心地看到：本来资质和天赋有 10 分的孩子，却因为父母的忙碌和忽视，导致只拿到了 5 分的结果。

我也常常欣喜地看到：本来资质和天赋只有 5 分的孩子，却因为来找我做了系统详细的规划，竟然拿到了 10 分的结果！

于是，我拼命三娘的劲儿又出来了，不分日夜、潜心研究总结出"学习力冰山图""升学规划系统图""成功升学公式"等理论和实践成果，被认定为中国智慧工程研究会智慧教育专业委员会"十四五"规划课题组首席专家！我研究了中国和国外最先进的理论、实践体系，也融合了自己的成果，整合出了一套行之有效的系统，拿到了很多国家专利。中国教育学会、中国心理卫生协会、清华大学、哈佛大学也纷纷向我抛来了橄榄枝。从 2022 年起，我们人杰教育团队和教育部中国智慧工程研究会一起培养升学成长规划指导教师并颁发证书。2024 年 1 月，我还被我国的"领袖杂志"《中华英才》专题采访报道。

我永远忘不了，很多忙碌的企业家、企业高管、专家、教授这么对我说："我们为社会、客户、员工付出了很多，却因为忙碌而忽视了自己的孩子，经常感到深深的愧疚。"我理解他们，因为我也是创

恒星闪耀：高客单新个体

业者，我也是从小被父母忽视的孩子。

我们的这套体系是不过度刷题的，也不用过度上课外班，是通过我们的课程和咨询帮助孩子的内在发生改变，激发孩子的学习动力，提升孩子的能力和状态，优化孩子的学习方法，帮助孩子找到自己的优势，成为人杰！所以，我们在业界最被追捧的是有强大的实力和家庭签约，确保达到这些家庭原本达不到的提分目标和升学目标，而所使用的方法又是最不卷的、最轻松的。

当一个孩子在我们的帮扶下，变得能力更强，又做好了更优的系统规划时，你会看到：

他比原来更自信、更乐观、更有责任心；

他与父母的亲子关系更好，他会更理解父母，也更懂自己；

他对于自己的未来充满好奇和信心，愿意为了自己而自律和努力；

他的学习动力更强劲，会主动学习、爱上学习且善于学习。

这时，你有没有发现，你的孩子已经成为更绽放的自己？而拿到高分和好学校的录取通知书，其实都是顺带的。

愿每个孩子都拥有既成功又幸福的人生！

愿每个孩子都能利用自己的天赋和特质，成为人杰！

这就是我的故事，我是人杰教育创始人王姐。

激发孩子的学习动力，提升孩子的能力和状态，优化孩子的学习方法，帮助孩子找到自己的优势，成为人杰！

恒星闪耀：高客单新个体

多次创业失败后，我靠AI站了起来

■ 白先生

GPT调教心流法创始人
无忧传媒新媒体GPT导师
AI操盘手发起人

你好，我是 Bittle 白先生，GPT 调教心流法创始人、AI IP 私董会主理人、无忧传媒新媒体学苑 GPT 导师。2023 年，我仅用 10 个月就成为 AI 赛道的知名 IP，3 个月实现收入超过一百万元。

很多人和我结缘，都是从 2023 年 3 月爆火的"GPT 调教心流法—身份篇"开始。发布当天，有几百人加我的微信，还有人直接转账，让我做他的私教。

2023 年 4 月，我推出了 GPT 自媒体精英课，定价从 499 元涨到 1980 元，依旧畅销，上百位学员听完课，纷纷感慨："白老师的 GPT 课，是我目前听过最好的 AI 课。"很多学员自发为我宣传，我也因此成为全国最大创业社群生财有术的 GPT 教练。

2023 年 7 月，我和肖厂长在广州举办了一场 AI 线下大课，有 300 人参加。这或许是迄今为止 AI 领域内最大规模的线下课。接下来，我们又成功在厦门、长沙举办了线下课。

从此，我接连被知名企业邀请前去授课，知名 IP 王一九老师也点名要我为他的团队成员培训。

在很多人眼里，我是站在"风口上的男人"，但只有我自己知道，**没有资源、没有背景的普通创业者成功的背后，是永不言败的坚定信念。**

从 2020 年"裸辞"创业开始，这几年，我接连失败了十几次。最难的时候，我一度十分抑郁，整宿睡不着，见过无数个凌晨 4 点的广州。

长夜漫漫，终将迎来黎明。所幸，我遇到了 GPT。

很多人说，创业就是在不确定性中寻找确定性，但找到确定性，需要极强的信念作为支撑。

我认真准备了这篇文章，这也是我 34 年来首次总结我的人生经历,请给我 5 分钟,听我给你讲述一个真实的 AI 改变命运的故事。

我是广东潮汕人,潮汕人骨子里就有"宁愿睡地板,也要做老板"的创业信念。

1995 年,我家在广州开服装店,有 2 个铺位。初中时,家里生意衰败,我家从以前的人来人往,到后来的门庭冷落,让我看到了这个世界残酷的一面。

那时,我的心里就种下一颗种子:**自己创业,打下一片天地**。大学期间,同学们都去参加社团活动,我却在学校摆地摊卖东西,尽管收入不多,但凭借每个月一两千元的收入,我已经不用向家里伸手要生活费了。

创业,需要磨炼销售能力,所以我的第一份工作,就是在中国人寿保险公司做保险销售培训师。每天早上 6 点起、午夜 1 点睡,做课件、上台宣讲,这样的日子,持续了 2 年。经过我的培训,团队一个季度就完成了 3000 万元销售额的骄人业绩。

很多人诧异,我做 AI 培训不到 8 个月,就能够深入浅出教授 AI 知识,很大一部分原因也是得益于这段培训师经历,我知道怎么结合实战经验和理论及底层规律,带着大家实践。人生没有白走的路,每一步都算数。

后来,偶然间看了一部电影《志明与春娇》,"开路虎的广告人"让我认知到广告行业的"钱景"。"出点子"对我来说真的太容易了,而且一条优质的广告就能带来上千万元的经济效益,这赚钱效率令我心动了。

于是我下定决心,转战广告业,开启了近 10 年的内容营销生涯:2013 年去了广东省最大的 4A 广告公司广东省广告集团股份有限公司,入职不到半年就获晋升,带队去青岛筹备万达东方影都的开盘项目,一人对接 20 个策划经理,同时运作 8 个子项目。

我孤注一掷接下大家都不看好的微信支付营销项目,为微信支付推出市场提供策略。

2015 年,我去了广东因赛品牌营销集团,为了比稿,在公司睡了三天。半年内获得晋升,帮公司拿下价值 500 万元的汽车品牌年度跑步活动项目,在即将升至企业中层时毅然离开。

2018 年,我又去了爱奇艺做广告销售,当时《和平精英》团队希望盘尼西林乐队能够为游戏创作一首主题曲,作为参加《乐队的夏天》的曲目,但一直没谈拢。双方僵持不下之际,我建议将盘尼西林乐队的英文歌曲改成中文版本,既满足《和平精英》团队的诉求,又不影响乐队参加比赛。就这样,1 个创意,拿下了 450 万元的单子,而我成了那个"关键先生"。

在内容营销行业,我做出了不少成绩。

31 岁时,我过着朝九晚五的安稳生活,但内心有个声音一直在追问:"这个时候不创业,你准备什么时候开始?"我果断"裸辞"创业,没想到,创业即破产。

2020 年底,我离开融资 1000 万元的营销公司,放弃联合创始人身份,和朋友合伙做火锅品牌,洋洋洒洒写了上万字的策划书,筹划了三四个月,最终因为融资失败,项目半路夭折。

第一次创业失败的教训是,团队要靠谱。

2021 年春节,我重新瞄准了剧本杀赛道。在广州开了一间剧本杀工作室,打算靠剧本发行赚钱。即便做了不错的跨界剧本杀 H5 案例,最终却因没有合适的主笔而失败。

第二次创业失败的教训是,判断项目能做成的核心非常重要。

恒星闪耀：高客单新个体

2022 年初，我和朋友转战抖音创业，做短视频培训博主，专门拆解抖音的爆款内容。一切发展顺利，正准备大量注资，因为分成比例问题，合伙人不愿意继续投入。

于是我自己单干，自己找选题、写脚本、拍摄，一条 1 分钟的视频，我常常要花费 4 个小时来完成。每天直播 3 场，到凌晨 4 点。一次，直播间的一个大姐看不下去了，花了 1200 元买了我的课，跟我说："小伙子，快去睡吧，别熬了。"

因为负债创业，为了省一点空调的电费，直播结束后，我直接在客厅睡觉。一边是没日没夜地做自媒体，一边是巨大的心理煎熬，女友也离开了我……

经受事业、感情的双重打击，我陷入人生至暗时刻。接连遭受打击，可能有人会选择就此认命，回去找个工作算了。

而对于我来说，找个工作、甚至是薪资还不低的工作很容易，但我真的不想放弃，更不想走那条容易的路，或许这就是潮汕人骨子里不服输的基因。

"只要我不放弃，就没有什么能够放弃我。"带着这股信念，哪怕负债累累，我仍选择持续探索各种创业项目。

在做无人直播项目时，我认识了刀姐。刀姐是一名资深的互联网连续创业者，她也是我转型 AI 赛道的贵人，由衷地感谢刀姐。刀姐是第一批接触 GPT 的人，她直接跟我说，GPT 让她恐惧。

第一次用 GPT 时，我就让 GPT 帮我写了一份汽车年度品牌策划草案，文本瞬间生成，我被震惊得一整晚睡不着。因为我做了 10 年内容营销，以前这种草案实习生得写 1 个月啊！

这意味着什么？意味着与 GPT 对话 10 分钟等于 1 个月工作量。

"只要我不放弃，就没有什么能够放弃我。"

恒星闪耀：高客单新个体

凭借 2 年的创业嗅觉，我明白这将是一个风口，于是我加入了当时我所能加入的全部的 AI 社群。而刀姐比我还快、准、狠，她直接放弃了直播公司价值近千万元的股份，转入 AI 赛道。她快速组建起一个 5 人小团队，在知识 App 上，建立了关于 GPT 的社群——AI 风向标，一个月就变现了 300 万元。

过程太震撼人心了，我第一次兴奋地感知到，**AI 不是风口，是一个新时代**。

我看到很多人因为没有掌握正确的向 GPT 提问的方法，而觉得 GPT 很傻，没有真正使用好它，我感到很可惜。

那时我经常凌晨两三点还在刀姐的 AI 社群里交流 GPT 的使用方法，刀姐觉得我对 GPT 的研究很深，有不少自己的见解，邀请我去她的万人社群分享。

我结合一个月的深入研究，花了 3 个晚上，总结提出了 GPT 提问的核心心法——GPT 调教心流法。

没想到，我的文章一经发布，当天就有几百人加我的微信，还有人直接打钱给我，让我做他的 GPT 私教。

你发现了吗？我过去的所有经验（培训讲师、内容营销、自媒体、AI 研究）在这一刻，汇成了洪流！

从此，我开启了 GPT 导师之路，成为无忧传媒新媒体学苑的 GPT 导师，带企业家们了解 AI 世界。

我报名参加肖厂长"AI 老板圈"的专家分享，成为口碑最好的嘉宾；也参加了提示词高手们组织的华山论剑，连续两次在众多高手中获得第一名。

我和肖厂长常常深度交谈，一拍即合，彼此都很希望用 AI 去为超级个体、IP 和企业家赋能。紧接着，我们迅速举办了广州的 AI 线下大课。"落地""超前""提效"是当时大家给我的反馈。

我联合了蓝蒂蔻品牌开启 AI 课程。

有人说，GPT 生产不了 IP 个性化文案，于是我打造了 AI IP 体系，通过 6 大维度，让 GPT 生成个性化文案。

花了整整 3 个月的时间，我开发出 AI IP 私人定制提示词，打造产品，帮助 IP 高效生产垂直行业的个性化内容，实现降本增效。

一路走来，我深刻认知到 **AI 是目前绝大多数 IP 实现弯道超车的不二选择，是团队、企业降本增效的最佳工具。**

我是白先生，一个连续创业失败，又靠着 AI 重新爬起来的创业者。

2024 年，我期待在 AI 时代，助力 1000 个 IP 和企业打造自己的 AI 商业合伙人，成为"超级个体"。

恒星闪耀：高客单新个体

用生命之声绽放精彩人生

■ 陈可欣

央视前主持人
欣声商学创办人
女性生命成长 IP 导师

用生命之声绽放精彩人生

每一种声音都有独特的力量，而我想用有温度的声音绽放出属于自己的光芒。

从小我就怀揣着当一名主持人的梦想，15岁那年，我独自坐上绿皮火车去另一个城市参加艺考，这是我人生的第一次独立冒险，也是我梦想的起点。

几经周折，中国传媒大学成了我梦想的支点。大学毕业后，为了能够站上更大的舞台，我放弃家乡的安稳工作，选择留在北京打拼。

在北京，我住过阴冷潮湿的半地下室，也经历过凌晨主持完节目打不到车，从东三环走到东五环。一路的摸爬滚打与成长，我终于进入中央电视台，获得主持领域的多项金奖。

读书可以改变命运，旅行可以改变一生。 2015年，在央视工作期间，我代表栏目组去加拿大参加中加文化年环球春晚。这次出国工作提升了我的眼界和格局，我更加坚定了要成为国际文化交流使者的梦想。

2018年，我作为发起人和总指挥在北京"鸟巢"成功举办《同心圆梦·非遗之夜》晚会，还作为非物质文化遗产的宣传者、保护者、传承者向全球推广中国非物质文化遗产。

2019年，陷入人生低谷的我利用互联网线上直播，成立与欣对话全球书友会，让中国传统文化的经典书籍成为真正的好声音。

2021年，我发起成立了让世界听到爱的声音主播联盟，每天最长直播时间为10个小时，单日场观人数达到32.5万，短短4个月听众累计超过3000万人，荣获某平台2022年度知识博主优质主播。然而此时我的身体却亮起红灯，我意识到持续长时间的直播会掏空我，《道德经》告诉我少即是多、慢就是快，于是我决定放慢生活节奏去旅行。

恒星闪耀：高客单新个体

我在旅行中疗愈自己，开始一手事业，一手诗和远方的生活方式。2023年，文旅赛道崛起，深度体验的观光旅游成为潮流，作为一名传媒人、主持人，我希望通过自己的力量助力乡村振兴，带动旅游发展，让每个人轻松实现环游世界的梦想，帮助更多贫困山区的孩子走出大山看世界。

10年传统文化的熏陶

2019年底，我经历了多重考验，感觉我的人生突然陷入至暗时刻，不想让家人为我担心，于是我选择了一个人承担。

也就是在这一段时间，我给自己设置了4个半月的闭关时间。每天早上5点30分起床，诵读《道德经》，给我的粉丝和学员做社群分享；每天录制音频并完成上传；每天微信运动1万步以上；晚上10点准时睡觉。

原本，我只是想把自己封闭起来，让自己独处一下。没有想到的是，当我把81章《道德经》诵读完毕，在带着大家一起学习、诵读经典的过程当中，我把自己治愈了。那几个月我完完全全靠自己，靠一本书，靠中国传统文化的道德情怀，把我治愈了。

在整个职业生涯当中，我没有太多时间停下来，我获得的各种奖项、荣誉，能写满一张A4纸。

记得10多年前，我刚刚在北京打拼，非常珍惜在电视台工作的机会，每天拼命工作，疏于与家人联系。有一天夜里，远在老家的母亲得了急性重症，需要紧急做手术，母亲却不让家人通知我。

这件事直到几个月后的春节，家人才偷偷告诉我。

听到消息的我哭成泪人。我说："想想就后怕，万一我妈有个三长两短，我连我妈都见不着，特别难受。"而母亲却说，在北京工作不容易，不要影响我工作。

也许一切都是冥冥之中注定的。正是那一年，朋友举办传统文化论坛，需要专业的主持人，虽然没有费用，我还是去了。那也是我第一次接触到传统文化论坛，一场关于中华孝道的分享，让我知道孝是陪伴，孝是和颜悦色。这次文化论坛令我受到非常大的震动，当时我就发愿：**做一个传统文化推广者，将中国传统文化国际化、时尚化、年轻化**。

此后，我每年尽量多安排时间回家陪伴父母，也开启了疯狂的中国传统文化学习与宣讲。

2014年，我跟随老师开始系统学习中国传统文化；2015年，我创办了"与欣对话"个人访谈栏目，推出"与欣对话"国学经典有声书系列，又推出礼之解读、声来优雅、舍得智慧、大爱与感恩、百善孝为先等诸多课程。

此外，我围绕传统文化、慈善公益、非遗、国际文化交流等主题，在全国巡回宣讲，参加的论坛、晚会有几百场之多。

2015年，我代表栏目组去加拿大主持中加文化年环球春晚，当我穿一身旗袍站在国际舞台上时，内心油然而生一股使命感，我发愿我要做一名中国传统文化的推广者，将中国传统文化传播到世界各地。

2016年，在北京大学的百年讲堂上，凭借对传统文化经典书籍的广泛涉猎与精读解析，我的主持获得在座嘉宾的赞许。我对弘扬传统文化的决心更加坚定。

也就是从那一刻起，我觉得老天赐予我天赋，不是让我只当一名主持人，而是要我传播传统文化。

专业的主持能力、深厚的传统文化内涵让我广受好评，主持人界的同行评价我："你是传统文化界里边最专业的主持人。"

2017年，我荣获第三届全球影响力盛典"全球杰出华人女性典范奖"荣誉称号。

秉承着对弘扬传统文化的痴迷与热爱，我最终选择离开电视台，专心创业。2018年，我和两位合伙人成立了一家文化传媒公司，成功地在北京"鸟巢"举办了《同心圆梦·非遗之夜》大型晚会，制作了非物质文化遗产系列节目，并在全国举办关于非遗的大型论坛。

与自己和解，回归当下

上天似乎要给每一个创业者送上一道定制"大餐"。我的"大餐"来得足够凶猛：友尽财散。

如果我不是在外奔波多年，拥有一众热心支持我的粉丝，建立了读书会、社群，处在那样的绝境，我是根本不可能拿起书，去录制音频的。

在那段灰暗的日子里，我做自媒体，在互联网平台上发布的作品累计收听次数超过100万。

我迅速找到新的出路与突破口。2021年，我又支起直播支架，打开镜头，迎接四方来客，做起了直播。每天早上6点30分准时开播，雷打不动。**我做这一切，像是用另一种形式，将隐藏在世界各地的传统文化爱好者，吸引到我身边来。**

在直播间，我发起抗洪救灾公益活动、筹集善款、点燃弱势群体梦想、免费为渐冻症患者做生命演讲与心理疏导……2022年，我做自媒体取得了阶段性的成绩，招募了2000多名学员，全网粉丝突破100万名，微信视频号单场直播最多观看人数达32.5万。

仅仅3年时间，我的人生好像经历了一次洗礼。

一路走来，从怀揣梦想的小女孩到主持人，从文化传播使者到持续创业者，我收获了鲜花、掌声和荣誉，也经历了时间与岁月的洗礼，我一直有一颗不甘于现状的心。

面对所有的阻力，我认为给自己最好的打气方式就是爱上阻力，因为平坦的道路十有八九不是通往梦想之路，通往梦想的那条路很可能是曲折的、坎坷的，最后能够站到梦想彼岸的人都是爱上过程（经历过磨难、嘲笑、看不起）的人。

在直播做得风生水起的时候，我又投入中国文旅度假产业，定位是文化教育＋度假产业，用度假成就梦想，我希望帮助100万个孩子轻松实现看世界的梦想。我还要建一个以中国传统文化中的四书五经为主题的内容度假书院，以生命智慧和松弛的修行方式来帮助更多家庭获得幸福。

在帮助他人的同时，我也实现了自己的财富价值。

用一灯传万灯，点亮每个家庭。

怀一颗柔软的心，温暖而不失坚韧。

做一个柔软的人，优雅而不失力量。

我坚信,柔软才是最坚强的力量。

恒星闪耀：高客单新个体

女儿教我做妈妈

■ 汤蓓

北京大学特聘讲师
央视前主持人
《走老路到不了新地方》作者

恒星闪耀：高客单新个体

> 如果有人倾听你，
>
> 不对你评头论足，
>
> 不替你担惊受怕，
>
> 也不想改变你，
>
> 这多么美好啊！

我把分享养育过程变成了事业

我是汤蓓，一名精准升学规划师。我出生在甘肃敦煌，父母都是普通的工薪阶层。高考前，我用 66 天将成绩提升了近 100 分，最终圆梦中国传媒大学。之后，我进入央视成为一名主持人。有了孩子后，我回归家庭做了 5 年全职妈妈，后来又出来创业做升学规划……

截至目前，我已经服务过 10000 多名学生，帮助 1000 多名学生成功进入名校，让每一个找到我的孩子有学上，而这一切，都是来自于当妈妈后被"打脸"的过程。

第一次"打脸"是孩子 0～3 岁时，怀孕的时候我经常会幻想宝宝的样子，怀着一腔热血，盘算着要将自己的所有经验都告诉她，孩子将来上什么样的幼儿园、读什么课外书、每周去几次图书馆、以后去哪个国家读书，我都规划了一遍。由于我特别希望生个女儿，所以我连用什么语气讲"月经是怎么回事"都想好了！想了这么多，心里时不时升腾起一股自豪感：真羡慕我的女儿有这么好的妈妈！

但是，我很快就被"打脸"了。

我曾经以为，生了女儿后，女儿的成长会基本遵循我规划的路线走，就算有计划外的事情，也不会有太大偏差。可事实是，我被女儿"折磨"得精疲力竭！之前有一种说法是，孩子是一张白纸，家长在这张白纸上画什么，白纸就呈现出什么画面。后来，我才知道，孩子哪是什么白纸呀，根本就是一张拼图，还是不带说明书的那种！

号称要给女儿规划最好教育的我，曾经也是最普通的家长：带孩子出门，孩子还在准备，我就不停说"你别忘了带这个、带那个"；孩子还没走到门口，我又说"你要穿这件衣服、那双鞋"。这其实是把孩子当作被动的接受者，在家长的眼中，孩子并不是一个有智慧的独立生命个体。这个阶段的我，太累了！

意识到这个问题的时候，我反而松了一口气，与其一厢情愿地规划，不如当个学生，和女儿一起学习怎么长大，女儿学习怎么长大，我学习怎么陪伴女儿长大。从此以后，我就是游乐园海洋球里扑腾得最欢快的妈妈，也明白了教育最大的前提是接纳，我相信孩子是独立的个体，尊重她的想法，尊重她的成长规律，在每个敏感期给予支持，不把自己的期望往孩子身上套。

第二次"打脸"是在孩子幼升小时期。真正让我走上创业道路的原因，源于我解决了女儿的两次上学问题。

女儿在幼升小办理入学的时候，面临一个很重要的问题，因为女儿的户口和我们的房产不在一个区，加上一些政策方面的原因，登记入学归属问题很令我发愁。当时特别想找专业的人付费咨询，但是在全北京都找遍了，也没有找到。

于是我只能自己研究了，我开始搜集北京各个区的入学政策，家长圈子、微信公众号、网站等都不放过，整合各种信息资源，最后终于摸清了门道，顺利解决了孩子幼升小入学问题。

同时，我把这些信息资源做成了一本"北京各区入学政策白皮书"，帮助和我有一样需求的家长找到解决办法。

我惊喜地发现，这种服务很有市场，很多人跟当初的我一样，需要专业的人帮他们解决孩子的升学规划问题，一个妈妈研究半年还不能全面掌握升学资讯，可能只需接受 1 小时的付费咨询。

要想真正帮助孩子解决升学的问题，不仅要了解外部政策，更要了解每个孩子的自身情况。于是我开始系统地研究教育规划，并跟着"王姐升学"进行系统的学习，获得了升学成长规划指导教师培训证书。为了更好地养育女儿和了解每个孩子的自身情况，我学习心理学，并考取了国家二级心理咨询师，在北京师范大学心理学系参加了"以人为中心取向心理咨询与治疗连续培训项目"。

做一个真诚一致的人

解决了女儿入学的问题，还有学习方面的问题。其实在女儿上小学之前，我就做好了她是全班最后一名的心理准备。我清楚几乎所有幼儿园的小朋友都会上幼小衔接，不主张提前学的我，知道女儿上一年级学习会比较艰难，但人生是长跑，为抢跑而丧失后续十几年的学习兴趣，得不偿失。我不希望牺牲孩子在幼儿园玩的时间和能力成长的时间，我认为幼小衔接，衔接的并不是知识，真正要衔接的其实是孩子的学习兴趣，让她进入小学阶段对学习充满好奇。如果一开始就让她对学习有了不好的体验，很难保证未来十几年她能够一直对学习保有热情，所以我坚持不给孩子报幼小衔接。

但是后来，我发现，现在的家长都太拼了，女儿所在的班级除了她以外，所有的孩子都提前学习了。上一年级没几天，女儿回家哭着问我："妈妈，老师说我脑子笨，我是不是真的很笨？全班都会的东西，只有我不会。"这时候我开始反思，我自己倒是做好心理准备了，却没有考虑到孩子在这个环境中，成为最后一名给她带来的心理压力。可能家长认为没什么，但对于一个六岁的孩子来说，这就是天大的事情啊。怎么办？我对女儿说："那我们俩一起努力吧，把不会的学会。"后来我利用自己高考和考研时的学习方法，帮她在一个学期内，数学和英语都考了满分。

老师看到孩子一个学期就发生了这么大的变化，很好奇我是怎么做到的，邀请我在班级做分享。

其实，女儿取得这个成果，靠的不是大量的补课、刷题，我只是做好了"陪伴"这件事，就很有效地帮女儿达到了提分的效果。

所以，**教育不是一个劲儿地督促孩子啃书本，更要引导孩子适应群体成长环境，确保他们身心健康地稳步成长、逐渐进步。**

我把这个理念分享完之后，家长们都非常认可，很多人找我请教，有的人甚至想付费咨询，于是我就把这些方法和理念做成了一套课程，然后卖这个课程，没想到反馈特别好。

就这样，我的升学教育规划体系诞生了，这让我对这件事有了更大的兴趣，也开启了我真正做升学规划的第一步。

教育规划的实质是"人生自定义设置"

我相信每个孩子都是独特的人，要给予每个孩子个性化教学和特殊辅导。好的教育，应该是关心个体的，应该是关心人的。对于一个孩子来说，升学有非常大的压力，客观现实是，家庭和学校之外的互助形式太少了，当一个孩子成绩不好、升学困难的时候，能够帮助这个家庭的方案很少。在"双减"之前，补课几乎是唯一的解决途径。2023年10月15日"双减"最严惩罚措施出台后，教育培训的时代正式成为历史，教育咨询的时代正式拉开序幕。

我相信每个孩子都是独特的人，要给予每个孩子个性化教学和特殊辅导。

做家庭教育的这几年,我和很多家长打过交道,发现做教育最大的难题源于家长的认知,很多问题都是源于家长没有正确的认知。

中国的教育传统是亡羊补牢式的,出现问题了才会重视,但好的教育规划体系是未雨绸缪式的。很多家长发现孩子成绩不好的时候,心存幻想,想要在短时间内提分,但是忽视了孩子其他方面的优势。**其实有些孩子的优势不在文化课上,而是在艺术上**。很多家长做完升学规划以后发现,原来自己的孩子艺术天赋那么高,只是以前不知道,都埋没了。

没有做升学规划,导致很多孩子明明有很好的机会上211、985大学,却错失了机会。他们只知道高考这一个赛道,但实际上升学的路径至少有三条,每一个孩子至少有两到三种路径可以选择。

有一个河南的家长,在孩子上四年级的时候来找我咨询,因为孩子的舞蹈老师说,孩子非常有舞蹈天分,建议家长去北京找个专业老师咨询一下。

她找我做升学规划的时候,其实只想知道如果孩子走舞蹈这条路,未来能不能有学上。我做完测评之后,发现这个孩子的天赋很好,建议她去考北京舞蹈学院附中。

根据我的方案,孩子用了一年时间备考,顺利考上了北京舞蹈学院附中,后来连北京户口都解决了。

来北京入学报到的时候,这个家长对我说:"遇到您就是逆天改命,我们两口子没文化,做点小生意,想都不敢想孩子这么小就能拿到北京户口。这下好了,老二未来也不愁了,跟着汤老师的规划走就踏实了。"

其实这个家庭的情况很典型,我从三个方面来为孩子规划升学

恒星闪耀：高客单新个体

路径：

第一，**评估诊断**，确定孩子的天赋和优势。

第二，**路径规划**，确定适合孩子的赛道。

第三，**身份规划**，拔高孩子的起跑点。北京地区是有特别多的学校能解决北京户口的，但是99%的家长都不知道有这些政策，所以压根就不会去申请。

每年都有大量的孩子没有考上高中，被分流去读职高，但是通过艺术附中的保录，很多孩子都能在北京上艺术附中。很多孩子都有天赋，不做科学的测评，家长是完全不知道的。

对于那些参加文化课考试的孩子来说，要找到自己的学习风格，否则低效的学习只会浪费时间。

━

一个人从校园走向社会，必须具备处理关系的能力、认识复杂关系的能力、做选择的能力。这是每个家长要面对的课题。

精准升学规划和教育陪跑，让身处升学焦虑中的家长看到了另一种可能，以科学的规划，帮助孩子充分利用优势，成功升学。

去成为自己的太阳吧，愿我们做不焦虑的家长。

在滚滚红尘中，活出尊贵与尊严

■ 麦子

顶级全域商业顾问、操盘手
中国 Top 50 名师（与樊登、吴晓波、刘润等同榜）
北京大学特邀私域讲师、全网有 280 万名粉丝的人气讲师
欧莱雅、周大福、顺丰、酒仙网等多家公司的私域讲师或商业顾问
生命成长教育操盘手

多少人走着，却困在原地
多少人活着，却如同死去
多少人爱着，却好似分离
多少人笑着，却满含泪滴
谁知道我们，该去往何处
谁明白生命，已变为何物
是否找个借口，继续苟活
或是展翅高飞，保持愤怒
我该怎样存在

……

此时此刻，我正在听汪峰的这首《存在》。每次听到这首歌，这几年的时光总在脑海里闪现，这段矛盾交织、跌宕起伏的岁月，是我人生很重要的积淀。

好风凭借力，送我上青云！

我是麦子，顶级全域操盘手。我在全网二十多个平台的四门私域课，被评价为"系统、全面、有干货、好落地"，我本人曾屡次登上各大平台首页，也是各大活动邀约的站台嘉宾……

但这些对你没有任何价值，我今天更想向你介绍光环背后的麦子，我的这些经历或许对你更有价值。

我是一个典型的在传统教育与中国式人文环境中成长起来的农村励志女孩。

因被亲生父母抛弃，我从小就极度缺乏安全感，以懂事、优秀来要求自己。养父母家的大哥赌博，看着备受高利贷威胁的养父母，我心如刀绞，发誓要挣钱养家。

二十年的求学生涯，我是作为贫困生在国家和老师们的支持和帮助下走过来的，我一直成绩优异，被作为榜样，我信奉：**"你若全力以赴，全世界都为你让路**！"

2016 年，在酒仙网就职期间，我用私域的方法，拯救了全国濒临倒闭的几十家线下酒城，带来 200 万私域流量和 8000 万元的营收增长，从此走上私域之路。

"好风凭借力，送我上青云。"不满足于这个成绩的我，毅然辞职，创办了自己的公司！随着知名度提升，越来越多的企业请我操盘、向我咨询，我也先后为欧莱雅、周大福、顺丰、阿里巴巴、方太、上汽、中国建设银行、环亚集团、美宜佳、康宝莱等企业进行私域内训或操盘；也受邀为腾讯、微盟、周大福、如新（中国）等企业开发集团私域课；还受北大邀请，为其提供私域培训！因为我的课程销量高和好评量大，我入选了"2019 年度知识付费名师 Top 50 榜单"，一同入选的还有樊登、刘润、吴晓波、李海峰等前辈！

这一年，我 26 岁，我的公司年营收近千万元！

太用力的人生，往往不快乐

你可能会说，一个二十多岁的女孩子，单打独斗，第一次创业年营收千万元，太厉害了吧！

是的，你只看到我风光的一面，却不知我是否快乐！

随着知名度的提升，我的公司越做越大，营收逐步提升，但是我并不快乐。我每天压力极大，我的事情太多了，我需要兼顾管理、研发、讲课、直播、写作、操盘等！尽管舍弃了很多业务线，但我依然异常焦虑，我整宿失眠，经常头疼欲裂，还累出一身病，不得不进行手术，家里也发生了很多的事情，养母生病、小侄女去世……

似乎一切都超出我的掌控范围，我情绪失控，每天行走在崩溃的边缘！我好累啊！我感觉我要窒息了，快累死了。可是让我休息，我又做不到。

太用力的人往往不允许自己失败，而成功又是小概率事件，一旦失败，他们就会拼命地指责"内在的小孩"。事实上，你总会遇到比你厉害的人，当你努力到丢了健康也成不了第一名的时候，你就会崩溃！**并且太用力的人，往往会缺乏对当下和幸福的感知，他们过度追逐未来，往往不快乐，极易焦虑**！

我一边崩溃，一边逼迫自己站起来，责怪自己矫情，健康也被透支，最后终于倒下了。纵有万般不舍，但我不得不退出公司休养！

年入千万元后，我叛逆了

这一休养，就是两年。这两年，请我操盘的项目有上百个，但我都以休息为由拒绝了，也有无数的学员和朋友问："怎么不见你直播和更新朋友圈了，麦子老师，你去哪儿了？"

这两年里，我无时无刻不希望治好我的病，好东山再起！但是每当我身体好一点，刚准备工作的时候，就又倒下了。随之而来的是，我的价值体系崩塌了！

我们从小被教导："吃得苦中苦，方为人上人！"真的吗？吃得苦中苦，就一定能成为人上人吗？什么是人上人呢？有成绩就是人上人吗？成为人上人，就一定开心幸福吗？

我们从小被教导要勇敢、要坚强，好像敏感、爱哭都是弱者的表现,所以我们极力忍耐,不断反思,还被教导要与人为善、克己为人,但事实是,克己、压抑、焦虑、过分为人着想的人,内分泌功能最易紊乱、器官功能最易失调。

一边放不下光环与成就,一边又深深痛恨原有的价值观,这两种力量的极限拉扯,让我进入了另一个极端——30岁的我,叛逆了!

我叛逆地要做个"废人",我要躺平、摆烂!像是对传统价值观的反抗,也像是自己无法继续奋斗的破罐子破摔!

剥离沾染,回归自性本身

直到一个朋友向我介绍了单其武老师的心性成长课程,我开始了自我探索,慢慢回归内心的平静!这种平静,现在看来,是源于我崩塌的信念系统被重构,这种重构,扭转了我的人生轨道,开启了我新的人生。

1. 不与自己对抗,你就会变得更强大

人生中大多数的痛苦不是别人造成的,而是你自己跟自己过不去导致的。每个人都会遭受两支"箭"的攻击:第一支"箭"是外界射向你的,它就是我们经常遇到的困难和挫折;第二支"箭"是自己射向自己的,它就是因困难和挫折而产生的负面情绪。第一支"箭"对我们的伤害并不大,仅仅是外伤而已;第二支"箭"则会深入内心,给我们造成内伤,我们越是挣扎,越是想摆脱它的困扰,这支"箭"就会在我们的心中射得越深。

如果你总是害怕失败,过于期待成功,给自己的精神套上枷锁,负重前行,那你的人生注定从一开始就疲惫不堪。**这个时代,缺的不**

人生中大多数的痛苦不是别人造成的，而是你自己跟自己过不去导致的。

是向上生长的蛮力,而是在变得拧巴、伤痕累累后,学会重新做自己的能力。

2. 世人妙性本空,无有一法可得

人一出生,其实就是快乐的、圆满的,但在成长过程中,受环境的影响、生活的逼迫,沾染贪嗔痴慢疑、怨恨恼怒烦,给自己套上了层层枷锁。有觉悟者开始寻求解脱,殊不知世上哪来什么解脱之法,你若能解开枷锁做自己,你就是自己的佛。

我很喜欢我的好朋友汤蓓的书《走老路到不了新地方》中的两句话:"不随人俯仰,不与世浮沉","不过标配人生,我的人生自定义"。剥离沾染,解开那层层的枷锁,问自己:我是谁?我为何存在?我将过怎样的人生?

在滚滚红尘中,活出尊贵与尊严

学了很久,有一天,我发现,我内心变得智慧而平静,不再执念于成绩,不因过去而抑郁,亦不为未来而焦虑,只活在当下,我的内心喜悦而充盈,而这些转变都源于我的苦痛所带来的成长动力。我突然醒悟,原来,人生是一场修行!一切的烦恼、苦痛都在帮助我们走向一条修行、觉醒之路!

同时,我也看到当下有很多人正深陷迷茫、抑郁、悲伤、焦虑的泥淖,无法自拔……我看见晚上十点半刚出地铁口的白领女孩,穿着光鲜亮丽,却在电话里抱怨着领导的压榨和自己的辛酸;我听见电话那头刚结婚两年的朋友说自己离婚了,现在妻离子散、孤单一人,一个三十多岁的男人哭得无助又压抑,很是令人心疼;我路过中国传媒

恒星闪耀：高客单新个体

大学旁的天桥，看见大学生拎着酒瓶在天桥痛哭；我看见原本善良的心灵，在经历过欺骗和失望后，紧紧包裹自己，不敢再信任别人……一个人若未走上修行之路，将经历多少苦楚与挫折？

我做了一个重要决定，转型做生命成长教育，提升人的心性，重塑人的生命力！很多同行和朋友对此非常不解，毕竟这意味着我将舍弃在私域的所有积累和成绩，很可惜，但我义无反顾！为什么？过去的自己，教商业，教私域，帮助别人赚钱，但一个人如果心力不足，赚再多钱也会陷入焦虑。

信念决定行为，行为决定结果！你拥有怎样的信念，就会过怎样的一生！人生的1.0阶段，我们靠从书本和社会生存中习得的信念支撑着自己，我们拼尽全力，努力工作，证明自己，取得成绩和成就感。到了2.0阶段，我们一般会经历关系体系的升级，比如升职、结婚、生子，随之而来的一系列问题，如身体垮掉、情绪压抑、幸福感缺失，这些都在阻止我们追求成功与幸福。在1.0阶段习得的信念，诸如"吃得苦中苦，方为人上人"，"让优秀成为一种习惯"，"你的善良一定会打动对方"，已经不足以支撑我们，所以我们需要重新学习。重新定义2.0阶段的你，你要的成功和幸福到底是什么？然后学习人在2.0阶段所应该具备的、但没有学校专门培训的信念、价值观与能力。我想做这样的接力型教育，为生命成长助力，我想这比我教商业、教赚钱更能让人从本质上发生改变并获得幸福感，这才是最有价值的事业！

人生是一场修行，是一场不断通关的游戏，不管你是30岁、40岁、还是50岁，终有一天，你会发现，2.0阶段就是为了让你习得智慧、体证悟道、升华人生！我们就在这个阶段实现螺旋式的成长！

不是削发为尼才是修行，也不是出家离世才能证大道。在滚滚红尘中修炼，当你格局大了，境界高了，拎得清了的时候，很多人、事、物会自动与你脱节，不再纠缠，因为小我退去，大道自来！

我是麦子，我要做心性成长教育，帮助更多人做自己！

恒星闪耀：高客单新个体

打造超级 IP，活出生命影响力

■ 詹欣圳

引力计划创始人
高端商业 IP 顾问
百万发售 IP 操盘手

超级 IP 等同于流量吗？打造 IP 就是拍短视频吗？作为一个曾帮助众多 IP 操盘、变现金额达几百万元的 IP 操盘手，我并不这么觉得！

我帮助过的 IP 都有这样的共同点：他们都有强烈的愿景和坚定的初心！

我发现他们都想通过自己的产品，通过自己的故事去影响更多人提高生命的质量，去触动更多的灵魂。这才是 IP 真正的影响力！

在帮助 IP 的过程中，我更加深刻地意识到，打造 IP 的过程就是活出自己、扩大影响力的过程！我想用我的生命故事，以及我帮助 IP 操盘的经历来分享这些感受和认知！

温馨且坚韧的童年

请让我介绍一下我自己。我是詹欣圳，一个在深圳土生土长的潮汕青年。虽然我出生在深圳，但我家只是普通的小康家庭。在兄弟姐妹四人中，我排老三。父母做着传统的粮油批发生意，寒暑假凡是有空，我们都会去爸妈的店里帮忙。我从小就扛着大米长大，有时我会开玩笑，说我从小就很有"米"，那时候，我经常一扛就是一货车的米！这也造就了我从小非常吃苦耐劳、隐忍的性格！

父母从来不强迫我们，而是顺从我们的意愿，鼓励我们选择自己的路！所以，我从小到大都凡事自己拿主意，信奉自己的人生由自己做决定！

回过头来看，我的童年是非常温馨、幸福的。但也许是小时候扛米扛得多了，所以很小就下定决心，我一定要好好读书，早日出人头地，闯出一番自己的事业！

恒星闪耀：高客单新个体

高考失利的少年

年少的我经常帮爸妈做生意，但也并没有落下自己的学业，很自觉、认真地学习。当时我心里想的就是："我要好好学习，长大以后再也不要搬大米了！"尽管我努力学习，但在我高考的那一年，我并没有考上自己理想中的大学，而是被另一所大学录取了！

高考失利，我以为人生从此就结束了！在机缘巧合下，我哥叫我到北京去参加一个活动，简单地说就是去当实习生。我现在依旧很清晰地记得那个活动叫"国际青年能源与气候峰会"。我在那里见到了许多清华、北大等一流高校的大学生！

我和这些大学生一起筹备活动。在这个过程中，我突然醒悟，学历真的只是人生的一部分，我并没有比这些清华、北大的大学生差很多，我完全有能力去创造我以后的人生！人生的路还很长，我没必要因高考失利自暴自弃！我应该继续上学，步入我人生的下一个阶段，去迎接挑战！

奋斗不止的大学生活

进入大学后，我知道我需要不断努力。我不断地参加各种社团活动和比赛，以此锻炼自己的能力；积极加入各种社团组织，学习前沿的商业知识！

也许是受潮汕人的经商传统影响，我当时就只有一个念头："我要成为一名优秀的民族企业家。"**我知道光有知识是不够的，还要实践，于是我参加了各种商业项目，并在大学期间就开始做生意**！

上大三那年，我就开启了我首次创业之旅，创立了一家会展活动公司，专门给各种企业做活动策划。年轻气盛、缺少经验的我的第一次创业，最终以失败告终！

折腾不止的年轻人

大学毕业后，我进入了一家上市互联网公司，也曾负责过恒大、万科等公司的商业营销。但安稳的工作平复不了我那颗不甘平凡的心！

工作不到一年，我又开始了自己的创业之旅，我自学编程，开发了一个习惯养成类小程序，目标是帮助更多人养成早起习惯。那个小程序帮助了 1000 多人养成早起习惯，用户累计早起打卡 30000 天。

不到一年，缺乏商业经验的我又失败了，原因是无法持续变现。**经历多次失败，我依旧不认输！我要屡败屡战，屡败屡试！我依旧在创业奋斗的路上前行！**

人生的至暗时刻

2021 年，我的人生迎来了至暗时刻：意外事故突然带走了我最可爱的妹妹。妹妹虽然是家里最小的孩子，但她很会照顾哥哥姐姐、爸爸妈妈。她就是这样一个心中充满了爱，天真、纯洁、善良的女孩。

妹妹比我小一岁，我们从小就特别亲密，她就是一直跟在我后面的"小尾巴"。

妹妹是一个非常自信、帅气的女孩。无论是男同学还是女同学，大家都很喜欢她！大学毕业后，她成为一家教育中心最年轻的老师，深受学员的喜欢！那些年来，我一直看着她站在讲台上发光发亮！

她是那么善良，从不愿意让别人为她担心，她总是把自己的烦恼藏起来。她那么贴心，总是用她那颗敏感、善解人意的心去帮助朋友、支持朋友。

她很年轻，她的阅历并不一定比别人多，她也会害怕，但是她把别人看得比自己更加重要，所以总是无条件地去帮助身边的人。

生命的觉醒时刻

妹妹的离开，让我意识到死亡的可怕，但我觉得更可怕的是，人没好好活过就离开人世。对于我来说，妹妹是真真切切地活过，活得比谁都精彩。比谁都耀眼。她活得那么漂亮！活得那么有影响力！

我并没有一直沉沦在悲伤当中，经过几个月的调整，我重新出发！因为我知道，妹妹比谁都希望我过得幸福、快乐、开心！我也知道，怀念妹妹最好的方式，是像她一样，活出她的精神，活出她的精彩！

好好地利用自己的生命，活出自己！这才是对已经离开的人最大的爱与尊重！

妹妹的离开，让我更加意识到生命的宝贵和短暂！

我如何影响这个世界，我要如何去使用我的生命？我立下承诺：我要好好地使用自己的生命！去活出自己、活出有影响力的人生！

生命的抉择

2022年，在合作伙伴的支持下，我获得了数百万元的天使投资，开启了新的旅程，创立了一家名为"引力计划"的公司！创立引力计划是为了帮助那些有意愿去影响世界的人，我们用直播、短视频等方式去帮助他们扩大影响力！

我曾遇见过很多有影响力的人，这些人时时刻刻影响着我的生命。我妹妹是有影响力的！她的影响力不是来自于她有多么厉害，她有多么强大，她的影响力来自于她的真诚和善良，她一直用她的生命影响生命！除了我妹妹，另外一个对我有很大影响的人是我的人生导师 Peter。

我在给 Peter 拍摄他的人生故事片的时候，我再一次被他的人生故事所感动。他坚守承诺 30 年，时时刻刻坚守他的梦想"去盖心灵的大楼"！他用他的生命不断地告诉他的学生，要觉醒、要突破、要给予、要将生命往前一步！

记得他的故事片发出来后，我的整个朋友圈都在转发。我知道我们通过他的人生故事，让更多人因为这个视频感受到了 Peter 的影响力，我们通过这个视频影响了更多的人！

我正是受这些人的影响，愿意成为一个有影响力的人，愿意去影响别人！

支持更多人活出生命的影响力

"支持更多人活出生命的影响力"，我带着这份愿景和初心。和团队一直帮助那些有愿景的朋友打造他们的 IP，扩大他们的影响力，帮助他们通过互联网传递他们的理念、传递他们的知识！

除此之外，我们还帮助一些有梦想的普通人通过短视频去扩大影响力，并且帮助他们拿到不错的商业结果！

"支持更多人活出生命的影响力"。

影响力不是流量！很多人觉得要有几十万甚至几百万名粉丝，才能够去影响别人，才能拿到商业结果！我想说：不是的！

我们协助的这些朋友，他们不一定有很多的粉丝，但他们都有一些共同点，那就是他们都有强烈的愿心和坚定的初心，期待去帮助或影响更多的人！而我也是因为受他们的感染，愿意支持他们完成他们的梦想！

真正的影响力，从来不是播放量，点赞数，粉丝数！**真正的影响力是我们触动多少人的灵魂，从而让大家发生改变，这才是真正的影响力**！每每看到我们拍摄的内容对身边的人产生有利影响，我就会更加坚定地将这份事业进行下去！

结语

我为什么创立引力计划？

我始终相信每个人就像天上的恒星，每个人都有吸引力，每个人的生命一定会发光发亮。

我邀请你在有限的生命里，发挥你的影响力，而我也愿意在我有限的生命里，去支持更多的人活出自己，活出有影响力的人生！

恒星闪耀：高客单新个体

在广州闯荡十年后，我回老家创业

■ 壹珊

霜花醇护嗓茶创始人
一线城市创业者成功转型新农人

近几年,很多大城市的创业者、职场精英返回自己的家乡,媒体称为"返乡潮"。一开始,我没觉得这跟自己有什么关系,因为在 10 年前去广州工作的那一天,我就告诉自己,既然出来了,我是无论如何都不会回去的!

然而,生命就是充满了戏剧性,本以为不会发生的事情,居然就发生在我的身上。

2022 年 5 月,我做了人生中一个非常重要的决定:从工作、生活了 10 年的广州返回老家张家界。

这个决定是我之前怎么都没有想到的。因为离开家乡,是我当初努力上学的目标,摆脱贫穷,是我一切行为的动因。还记得曾经走在高楼林立、车水马龙的城市中央,我抬头望向天空,在心里暗暗发誓,我也要在这个城市立足!

那到底发生了什么事情呢?我和其他"城归族"返乡的动因有什么不一样吗?我的心路历程可以分为三个阶段,我想分享给大家,希望给其他跟我有一样经历的年轻人一些参考。

第一阶段:努力学习,考入武汉大学

我出生于农村的一个多子女家庭,"超生"的阴影刻入了我的骨子里,我从小就发誓要改变自己和家庭的命运!

我是 1989 年出生的,那时国家推行计划生育政策。据我妈妈描述,为了躲避计划生育,妈妈在怀我四个月的时候就跑去"躲难",等到回家生产时,发现家里所有能搬走的东西都搬走了,仓库里的谷子、床、板凳、锅碗瓢盆……用妈妈的话说:"除了瓦没有揭,所有能带走的东西都被拿走了。"

冬天，妈妈只能躲在菜园里的柚子树下，以稻草为被，因为受了惊吓，我提前来到人间。外公长途跋涉、翻山越岭走到我家，看到家里空空如也，号啕大哭。每当妈妈给我描述我出生的事情时，我眼前都会浮现一幅画面：一位视女儿为掌上明珠的父亲站在女儿被"洗劫一空"的房子面前，看到女儿经受如此大难，那种痛苦和无力是多么深刻啊！幼年的种种经历时不时刺痛着我的心，总会在我内心深处掀起波澜。

我想就是这段经历，才让一个身体羸弱的小女孩奋发图强。哪怕天资并不聪颖，但是我有强大的信念，我决心努力学习，改变命运。就这样，我一路爬坡、一路小跑、一路坚持，超过了很多成绩比我好的人、家境比我好的人，从农村考入了市里的重点高中，最终考上了武汉大学，我命运的齿轮开始转动。

第二阶段：历练自己，闯荡广州

大学毕业后，父母希望我回家考公务员或者当老师，我果断拒绝了，并发誓要历练自己，闯出一片天地。

2013年6月，我从武大顺利毕业，并且提前三个月拿到了一份非常好的录用通知书，即将前往一家医疗行业的知名外企做销售工作，成了我们院当年唯一一个不通过校招就找到好工作的学生代表，并且薪资待遇也高于大部分应届毕业生。而我获得这份工作正是源于自己一年前做出的一个正确决定：从武汉到广州参加教练技术的学习。在学习期间，我优秀的表现得到了同组的同学（他也是后来引荐我进外企的领导）的注意，而我只做了一个动作就让他记住了我：逢年过节都会给他发用心编写的祝福短信，于是有了后面的机会。我初出茅庐就享受到了学习以及积极主动地维护人际关系所带来的红利，这为我接下来 10 年间不断地学习成长、不断地疗愈自己和原生家庭的关系埋下了伏笔。

母亲三番五次劝我回家，甚至说只要我回去参加面试，就能进入我们当地最好的重点高中任教，我都不为所动。除了我已经得到一份好工作，最主要的原因是我不想成为父母的"傀儡"，我拒绝父母的理由是我心有鸿鹄之志，不甘于当一个公务员或老师，我天性爱自由，性格爽直，不喜欢被管束，我想挣钱！

上大学期间，不论是参加社团，还是实习、创业、学习技能，我所选择的都是跟销售、沟通有关的，因为我知道我家的经济情况只能靠自己改变，而最快的途径就是做销售，就是跟人打交道。

父母知道我的性格，最后也尊重我的选择。而我，也没有辜负自己，用一年时间拿到了公司最佳新人奖，老板也很信任我、重视我，我从负责一个城市的销售到负责华南三省的销售。我用我的成绩回报了领导对我的信任。在我要离开这家公司时，领导极力挽留我，我至今都非常感谢他对我的知遇之恩。

后来，出于探索生命和疗愈自我的需求，我进入了瑜伽行业，没想到成了公司的核心骨干，月薪从 2000 元涨到 5 万元，从三个月开一次班到一个月开三次班，培训人数从一年 300 人到一年超过 2000 人，我在这家公司创造了另一个奇迹。

我在扎实的瑜伽练习和身心灵课程的学习中，看到了原生家庭带给我的烙印，也理解了我的父母，对生命多了一份接纳和感恩！

第三阶段：与自己和解，回乡创业

不知不觉，毕业已 10 年，我人到中年，不能只考虑自己了。

恒星闪耀：高客单新个体

2019年，我从瑜伽行业离开，在年底最后两个月去了戈壁徒步，同时考取了国际认证芳疗师资质，打算转型健康行业，为创业做布局。

2020年年初，家里发生了大变故——最疼爱我的哥哥突发意外，离开了我。那段时间，我感觉人生灰暗。哥哥跟我关系最好，他的离开，一下子勾起我很多不好的回忆。

虽然我知道哥哥走到这一步是迟早的事情，但是没想到会来得这么快。我的父母从结合起就争吵不断，作为家里的老大，哥哥是受父母伤害最严重的，他曾多次表示自己憎恨父母。父母教育的方式不是打就是骂，给哥哥心里留下了阴影。哥哥小时候调皮，学别人用木棍掏耳朵，不小心致使一只耳朵失聪，回到家告诉母亲，迎来的却是劈头盖脸的打骂。上初中时，哥哥又遭受了校园霸凌，给他的心灵抹上灰暗的色彩，所以，辍学了。步入社会后，因为性格的原因他没有一份工作做得长久，也很容易跟别人起冲突，总觉得别人针对他。

父母没有上过学，他们并不懂他，还总是唠叨，经常让亲子关系陷入僵局。而我作为家里最小的孩子，想弄明白到底发生了什么，到底能为哥哥和父母做些什么。这就是我在身心灵行业深度学习10年的原因。

我不仅自己学，还带领父母、哥哥、姐姐都来学习。教练技术、传统文化、家庭教育、心理沟通……所有能尝试的方法都尝试过了。就当父母在改变、哥哥在改变、我也接纳一切的时候，哥哥离开了我们，给我当头棒喝！

父母陷入了深深的自责和愧疚，一夜间白头，母亲整宿整宿地睡不着，父亲的反应也慢了半拍，刚生完孩子的姐姐哭诉说，哥哥要不是为了挣钱给外甥买大车，他就不会出海……

就在这一刻，**我意识到我们每个人都有自己的人生剧本，如果不**

能对自己的人生负责，一切都将失去意义。 父母已经努力做到最好了，他们也有他们自己的原生家庭，也有自己的苦楚和遗憾，他们也是第一次做父母。

■

"悟已往之不谏，知来者之可追。"陶渊明先生的这句话点醒了陷入颓废的我。我用半年时间创造了奇迹，从 0 到 1 搭建了精油创业团队，3 个月成为经理，又花了 6 个月时间成为销售总监，积累精准私域客户 500 多人，变现 100 多万元。

就在一切向好的时候，2022 年 3 月广州新冠肺炎疫情反复。一个多月的时间，我一个人在工作室吃喝拉撒睡，白天直播、晚上发货、凌晨睡觉，那段时间很忙碌，也很害怕，经常做噩梦，梦见哥哥，梦见父母苍老的身影。我意识到，哪怕我挣再多钱，但是不能尽孝和陪伴家人，那又有什么用？我做直播也已小有成就，我是不是可以回老家去做直播呀！

于是，我决定回家，回家线上创业，回家陪伴父母，也定了一个目标——回家找一个老公。

人生就是你自己设想的样子。果然，我在 2022 年 9 月心想事成，遇到了我的老公，他就是我想要的伴侣，我们在 2022 年 11 月订婚、2023 年 1 月完婚，就这样，我快刀斩乱麻完成了一件人生大事。

■

写到这里，肯定有很多人想问我，如何找到自己心仪的人生伴侣。这是另一个有趣的故事，碍于篇幅限制，我就不展开了，大家有兴趣的可以联系我，我会把我们的故事分享给你。现在，我开启人生下半场，立足家乡，立足家乡的山水，做一名新农人，推广家乡特有的调养茶——霜花醇古藤茶，帮助老师等用嗓人群保护嗓子，同时把

恒星闪耀：高客单新个体

家乡更多天然、原生态的美食好物分享出去，带领乡亲们脱贫致富。如果你对我的创业故事感兴趣，想尝试霜花醇古藤茶，成为我们的产品体验官，也可以联系我。当然，我们也诚邀天下英杰，加入我们的创业大联盟。欢迎大家来到我的家乡——湖南张家界做客，我定会盛情款待。

人生就是你自己设想的样子。

恒星闪耀：高客单新个体

用好知识IP的起盘五步法，年收入百万元真的不难

■ 葛瑞娜

知识IP教练
小红书陪跑教练
阅读写作教练

大家好，我是 Tina。

很高兴以文字的形式跟大家见面。我目前是一名知识 IP 教练、小红书陪跑教练、阅读写作教练。截至我写这篇文章时，我全网有60 多万名粉丝。

我在做自媒体的第二年，就实现了年收入百万元，且每年都保持增长。以前做电视台记者，我觉得年收入百万元是天方夜谭；后来做自媒体，我惊奇地发现，这居然只需要五步。

当然，这五步走得没那么容易。接下来，我就来详细拆解——知识 IP 起盘五步法。

我讲的是我的故事，你看到的或许是你的明天。做好准备，我们马上开始。

价值发掘：找到你的核心优势

所有人都只为价值付费，这是商业的大前提。做自媒体，你的核心价值是什么？只有找到它，才有打造个人 IP 的可能性。

有人说："我太普通了，我毫无价值！"这句话说出了 7 年前的我的心声。

7 年前，我是一个迷茫的电视台新闻记者。我毕业于浙大新闻系，研究生毕业后，进入电视台，在一档新闻栏目做记者。刚开始我激情满满，6 年后却迷茫焦虑，因为互联网兴起，传统媒体式微，收视率下滑，工资不涨反降。我像坐在一架失控下降的飞机上，毫无办法。但，这份工作毕竟是亲朋好友眼中的金饭碗，我该怎么办？

后来，我决定为自己而活。我跳槽到了一家世界 500 强公司，做企业品牌公关工作。这份工作的待遇不错，我以为在这里自己或许可以像电视剧中的职场大女主一样大展拳脚，但我很快被现实打败：和广电行业内完全不同的企业氛围，让我很不适应；而且这份我以为专业性很强的工作，其实没有太多发挥空间，让我很没有成就感。

我是瞒着父母，放弃了电视台的工作选择这里的，可想而知，当时我多么崩溃！我像只无头苍蝇一般到处乱撞，四处寻找出路。可是，我如此普通，没有优势！我觉得人生陷入了死局。

我迷茫地寻找了一年，仍毫无所获。

后来，我想到，既然我找不到我的优势是什么，那我就去做那件对我而言不难并且做的过程中自己一定能成长和进步的事，即不难且正向的事。

我找到的是读书、写作。我从小学习成绩好，最擅长的就是读书、写作。就这样，我开始了读书、写作之旅。从那时起，命运的齿轮开始转动。

总结：**深度挖掘你的价值**。如果实在找不到，不妨按照我的方法，找到那件不难且正向的事，持续做下去，你会收获惊喜！

选定平台：深度展示你的优势

确定要读书、写作后，我就开始没日没夜地干起来。那时候，孩子还不到一岁，我一方面要干好本职工作，照顾好孩子，另一方面还要兼顾阅读、写作。为此，我牺牲了所有娱乐休闲的时间，一猛子扎了进去。

那时候我压根不懂运营，也不会打造爆款文章，在微信公众号上日更了很长时间，但迟迟没有反馈。于是，我做了一个很重要的决定

——转战头条号。2019 年 6 月，头条号推出的青云计划的奖励还非常丰厚。

我入驻头条号的第一个月，就获得月度优质账号奖励，光这一项奖金就有 5000 元。

自此，我的写作之路越来越顺畅，我写出了越来越多的获奖文章，与有书、美柚等平台签约。我写出了越来越多的爆款文章，有的文章最高阅读量达到千万次。

我深刻感受到选对平台的重要性与顺势而为的重要性，任何人的成功，都是顺势而为。深刻感受到选对平台的重要性后，在转战做视频时，我瞄准了小红书。

这一次又选对了。我的小红书主账号"Tina 自媒体"一年涨粉 10 万名，小号"Tina 育儿教育"首月涨粉 3 万名。小号一个月就变现过万元，广告多到接不过来；而我的主账号引流变现单月就达到 75 万元。

我深刻感受到了自媒体的潜力！

总结：选对平台，抓住风口，才能迎风飞起。如果让我推荐目前可选的平台，我推荐小红书和微信视频号，这也是目前我深耕的两个平台。

产品打造：将你的优势转换成高价值产品

想成为一名知识 IP，你需要把优势和专业转换成高价值产品。在我不断签约、输出各种优质内容的同时，我顺势推出了"Tina 年度写作营"，教大家通过运营头条号变现和新媒体写作。

选对平台，抓住风口，才能迎风飞起。

我的理念是"Tina 所出，必属精品"，我也在日常输出的文章和视频中不断优化产品，所以我精心打磨的课程获得了极好的口碑，这成了雪球滚动的第一波推力。

后面学员又衍生出读书的需求，而我在各大平台上发布过大量的心理学类文章，有心理学方面的影响力，我顺势推出"Tina 心理学读书营"，刚上线就收获了很多好评。越来越多的好评，让雪球越滚越大，到现在仅"Tina 心理学读书营"的同学，就有 2000 多名。

头条号变现不如之前容易之后，我开始调整写作营的方向，把它由一个专注头条号变现的写作营，变成一个提升写作能力、文案能力、表达能力的综合写作成长类社群，营收依然很不错。

因为我在小红书和视频号这两个平台上的运营很成功，我又顺势推出了"自媒体 IP 变现营"，专注于帮助知识 IP 将自己的专业打磨成知识付费类产品。这个产品上线当晚营收就超过 50 万元。

总结：将优势产品化，是知识 IP 实现变现的前提；产品顺应趋势，是产品持续稳定变现的前提。

势能叠加：不断增加展示频率

忙不过来怎么办？很多知识 IP 放慢了公域内容的更新频率。

IP 的重要职责是保护好自己的时间、精力，这才是长久发展之计。

那兼顾不过来怎么办？学会利用人力杠杆。我建立团队，将所有非核心内容、非核心交付的板块，交给团队成员负责。我将主要精力放在最核心的 20% 的事情上，而它会产生 80% 的收益。

我并没有因为忙于交付，而忽视了公域影响力；相反，我在不断增加展示频率。我日更短视频，一年做 200 多场直播，也努力保持日更公众号文章。我的整体输出效率也在一日日的坚持中不断提高。

而我打造的小红书账号矩阵,目前最差的也有几千名粉丝,好的已经有几万名粉丝。账号矩阵又进一步扩大了我的影响力。

总结:在注意力如此稀缺的时代,知识 IP 必须高频地出现在用户的视野里,否则就很容易被忘记。

系统提升:高客单升级放大营收规模

从做记者时的年收入约 20 万元,到做自媒体后年收入百万元,不是因为我更努力了,而是因为我换了赛道。

努力可以解决倍速发展问题,战略可以解决指数级发展问题。

这几年,我很努力,但是强烈感觉收入已经到了瓶颈,这不是光靠努力能突破的。于是我开始进行战略调整。

我开始调整商业模式,搭建产品体系,朝高客单产品进军。我观察到,有一批人的状态跟我当时在职场是一样的。他们在职场表现出色,但是同时觉得很迷茫,想要打造个人 IP,又不知从何开始。

我的高客单产品,就是为这群高能力、高潜力的人打造的。我知道他们的痛点是什么,因为我也经历过这个阶段。我会教他们如何把自己的核心优势转换成知识付费产品或服务,教他们打造产品体系;我还会教他们如何做好在公域平台(小红书、视频号)的内容输出,持续打造影响力。

因为我足够懂他们,我的"自媒体 IP 变现营"上线当晚就有 100 多人报名,变现 50 万元。

总结:高价筛选出高潜能人才,配合精准化交付,更容易做出成绩。

结语

我的很多粉丝跟我学习了三四年,他们说,之所以选择 Tina 老师,不仅仅是因为 Tina 老师的课程有干货、内容靠谱,还因为喜欢 Tina 老师的真诚、实在。

那些走得长远的知识 IP,他们的价值观都很正,他们或许红得慢,但是红得久。希望在流量越来越稀缺的时代,我们都能红得久。

希望我的故事能给你带去一些启发。可以加我微信与我展开深度交流。

恒星闪耀：高客单新个体

幸福养老，由我守护

■ 陈冠寅

上海养老筹划和服务专家
中华家文化传播者

幸福养老，由我守护

约6年前，因工作关系，我认识了S女士，见证了她结婚、生子。每完成一件人生大事，她都会给自己和家人做财务安排。她担心人口老龄化的趋势，我就支持她落实退休生活所需的资金和养老服务，我们交流怎样把家庭财产安全地移交给自己想给的人，我协助她订立专业的法律文书。一路走来，我们是互相支持的伙伴。

当你日常专注于创造财富时，我会用心守护你的财务安全，锁定有幸福感的养老生活，协助你实现家财安全、家事和谐、家人幸福。这就是我的工作。

1986年，我出生在上海的一个普通家庭。我读小学时，母亲从国企提前退休，进入民企工作，父亲经营一个中医诊所。我从高中起住校，从上海外国语大学毕业后，我在非营利组织做展会，策划了"上海生活物件"主题展，引发了不少"70后""80后"的共鸣。后来我利用本科专业知识，钻研搜索引擎营销（SEM），服务于大型电商网站，成为国内早期的谷歌和百度认证的行业搜索营销专家。2015年，我受邀加入餐饮创业团队，用当时创新的"互联网+门店"，在市区开了4家门店，后来，因市场变化，团队解散了。

进入社会的前7年，我以磨炼自己、服务他人为行动指引。转眼到了而立之年，正当我蓄势待发时，晴天霹雳从天而降：我的父亲被查出肺癌晚期。

如果问我家里谁最不可能得癌症，我父亲的得票会最多。他年轻时学习中医，注重养生，不抽烟也不喝酒，平时是家里的欢乐来源。也是过于自信，他很少去医院，也没有每年做全身体检的习惯。在他快过60岁生日、准备退休安享晚年时，却查出了癌症晚期。他用了近4周的时间才接受现实，开始治疗。

恒星闪耀：高客单新个体

我母亲要照顾我刚出生的女儿，于是我陪父亲开始走上漫漫治疗之路。日常辗转于各三甲医院，排队 2 小时，问诊 2 分钟。在反复的住院、化疗中，父亲日渐消瘦，而陪护守夜对我而言是家常便饭。至今我还清晰地记得，深夜的幽暗病房里此起彼伏的呻吟声和鼾声。

父亲不住院的日子，全家人仍在接受考验，比如找药。《我不是药神》对多数人来说是故事，于我却是切身的经历。父亲做了基因检测后，发现有靶点，能吃靶向药，但我一查，国内的正版靶向药太贵。于是，我上癌症病友的论坛，发帖求助，找到一个在印度的中国人，恳求他帮忙把当地的药品带回国，靶向药的每月开销也随之从原本的 4 万元降到 1.4 万元，看到父亲少受些痛苦，一切都是值得的。无奈 4 个月后，父亲出现耐药，随后的状况急转直下。

2018 年 1 月最后一天的深夜，护理院人头攒动。父亲不时从昏迷中醒来，用尽力气挤出笑容，家人围在床边，母亲早已哭成泪人，看似平静的我接待赶来告别的亲友。和癌症抗争了 13 个月后，父亲离开了我们。他从十多岁进入社会，为了家庭辛勤工作 40 多年，却没机会好好养老，这是我们全家人永远的痛楚。

13 个月的治疗费用，在医保等补贴之外，加上自己出钱买靶向药，累计花了 20 多万元，甚至动用了退休储备金。

亲身经历这些后，我发现多数人努力工作，却很少认真考虑这个问题：**人们从中年起身心衰退，往后几十年怎样做才能过上有意义、有幸福感的老年生活**？

和工作经验 5 年以上的朋友们交流时，我发现，不管是喜欢家庭生活，还是奉行单身主义，到一定年龄后，女性会比男性更有忧患意识，因为她们预见了这样的画面：

当年龄增加，妇科病、慢性病等健康问题会成为常态，治疗要持续花钱；想过上有品质的生活，光靠退休金不够，要有额外的细水长流的资金，而且对房产等的投资也要在安全可控的范围内；居家养老需要适老化设备，难以自理时要家政人员照料；即使身体健康，和社会脱节带来孤独感，精神追求难以被满足，这些情况也不可忽略。

在我学习RFP（注册财务策划师）的养老规划师课程并通过认证后，我才清楚养老规划和落实是一项与我们每个人的幸福息息相关的系统性工程，包括健康评估、医疗养护协助、机构或旅行养老、对应的资金支持。

夜深人静时，我会设想：如果我早几年给父母配置健康保障，多储备些养老资金，未雨绸缪，父亲可能不会因病去世，母亲的养老生活也能更从容。

因病致贫，人还在、钱不够的悲剧每天都在发生。世上没有后悔药。因为我经历过、痛苦过，就不想让身边的人再走这条路。我明确了今后的事业：做有品质的养老筹划和服务。

养老规划涉及多种工具，包括人身保险。在人口老龄化和少子化的趋势下，保险为养老产业提供资金和服务，是维护社会稳定和发展的重要基石。比如2022年底，国家推出有税优功能的个人养老金制度，就有保险公司深度参与；人均寿命延长，给公立医疗系统带来巨大的资金压力，住院医疗险能分担更多。

2016年7月，我进入保险行业，深知竞争激烈，更须笨鸟早飞。我每天白天走访面谈，晚上收工回家复盘。半年后，我已可以提供一站式服务：从面谈、定制方案、预核保和落实，到保单生效和维护。身边人看到我这几年的发展，陆续约我咨询。

恒星闪耀：高客单新个体

我清楚充足的现金流和医疗资源对于重症患者及其家人有哪些深远的影响，所以在拜访时主动分享自己的经历，对方因我的真诚而信任我，我支持上百个家庭配置了重疾险和医疗保障。

陪伴父亲和癌症斗争的日子，让我看见了人们对死亡的避讳。如果无法直面死亡，身后的财产分配、家事安排便无从谈起。上海已进入深度老龄化，据统计，每 3 位常住居民中，就有 1 位是 60 岁及以上的老年人，多数有房产等多种财产。有一定身家的人群，往往家庭关系更复杂，财产分配容易有争议，不做好传承规划，就可能出现财产旁落、家人内斗的情况，来之不易的财富和幸福就成了空中楼阁。我开始思考如何避免这样的悲剧。

2022 年，我了解到中华遗嘱库，它是中国老龄事业发展基金会和北京阳光老年健康基金会在 2013 年共同发起的公益项目，成立 10 年来，为市民落实近 28 万份遗嘱。2018 年，它接入司法电子证据云平台。截至 2022 年底，中国裁判文书网公示的 91 例涉事案件显示，中华遗嘱库的遗嘱 100% 有效，按立遗嘱人的意愿把财产给想给的人；还有"幸福留言"等人性化设置，给家人传承正向和谐的家训家风。中华遗嘱库"解后顾之忧，传和谐家风"的宗旨与我的想法不谋而合，我毫不犹豫地学习和实践，从义工做到驻场专家，接待市民咨询，纠正"独生子女的父母不必订立遗嘱"等错误观念。

有了遗嘱，还需专人对遗产做好交接和分配，要熟练用法，更要人情练达，对个人的综合要求很高。2022 年底，我攻读遗产管理人高级专家课程，加强学术能力。

从 2016 年到 2023 年底，我累计为上海近 700 人落实近 13 亿元保额的保障，包括疾病、医疗和养老规划。我每年提前达成"百万圆桌会员"（MDRT）业绩标准，业绩排在全球前列，连年获得"国际品质卓越奖"（IQA）认证。为了持续提供专业的服务，我每年进修，步履不停。

电影《贫民窟的百万富翁》讲了一个朴素的道理：**人生经历皆有价值，取决于你怎么看待**。我毕业后做会展、搜索营销、餐饮创业来磨炼技能，从 2016 年至今，提供高品质养老规划和服务，积累客户和服务资源，获得了认可：有近 40 岁的朋友连续 3 年找我增加资金储备，并在中华遗嘱库安排好身后事；也有 20 多岁的朋友在找我付费咨询后，用行动攀登"养老"这座高山。

我的志向是：支持更多人过上有尊严、幸福的养老生活，让财富得到安全的传承。我会用定制化的方案，对接相关资源，落实医养协助、居家养老、机构养老、旅居养老的全程服务，让更多人能享受幸福的老年生活。

从 2016 年底至今，我协助了几百个家庭规划养老。2022 年，我在中华遗嘱库严选任职，驻场答疑。不管是保障还是遗嘱，我都用服务的心态，在"做亲切、可信赖的养老服务顾问"这条路上稳步前行。我父亲在天上看到的话，也会为我骄傲吧。

生命像一段段精彩的旅程，每段路都承载着我们对家人的深情厚谊。我愿与你并肩，你投入创富，我用心守富，一起守护你和家人，协助你实现家财安全、家事和谐、家人幸福。

最后，我用一首诗表达心意：

　　　　护航人生风雨路，保障行家掌中宁。

　　　　财富传承遗嘱明，遗产管理稳舟行。

恒星闪耀：高客单新个体

机遇牵线串珍珠，合作共赢绘蓝图。

积财续脉维家业，智策明线绘航途。

言传意合开智慧，财路筹划共前瞻。

携手筑梦图未来，共绘生命富丽篇。

施比受更有福，我愿意服务更多人。欢迎你添加我的微信，备注"恒星书友"，我会为你提供人身风险和财产保全的测评和解读。

支持更多人过上有尊严、幸福的养老生活，让财富得到安全的传承。

连接一念①信号,共创未来地球

■ 乘云飞

一念生命成长导师
组织商业升级导师
生命健康科技学院创办人

---

①一念:一种未来的关于商业和个人成长探索的系统方法论。一个典型的一念场景是在自己无意识、无预期的情况下,跟随自己当下的第一个念头,做出自然而然的选择。一念不同于传统的分析、策划、布局等方式,给商业与个人提供了新价值。

大多数人都对这种"命运的齿轮开始转动的时刻"有个人经验和感受,但在一般情况下,只把它们总结为单纯的运气和不可思议的机缘,但实际上,一念是一种可习得、可实验、可探索的系统方法论。

在我看来，高客单成交的底层源于"四性"：产品本身的稀缺性、对方需求的急迫性、对方本身关心领域的高关联性、给对方巨大回报的可能性。

本篇跟大家分享，我如何通过连接"一念信号"，让自己成为幸运儿和创造者体质；进而校准人生和产品战略，使之与"四性"吻合；最后通过"一念真玩美"的存在状态，去实践黄金之路，实现高客单成交。

有公司高管通过"一念"收入翻倍，开通多个赚钱渠道，想要什么团队，都有人主动前来帮忙。

有擅长全网营销、取得过大成果的 IP，在迭代新产品时，融入"一念"理念，使该产品成为全网独家，并得到学员们的正向反馈。一个课程就让更多人的生命发生了质的改变。

有一位老师，用"一念"突破了自己曾经看不见的盲区，成长为敢于定价的超级个体，自己的使命、愿景、价值观焕然一新，成为引领他人成长的导师。

有企业家用"一念"给自己的品牌带来新希望，让团队重新达成一致，看到了未来事业的全新价值和可能性。

人生第一次感受"一念"，发生在我 15 岁的时候。当时刚刚中考完，我的成绩名列全市前茅，填报了本地最好的高中。那天，我在操场上高高兴兴地玩了一天，准备回家。

这时，爸爸突然凑到我面前说："飞飞，我看到你的同学在填写什么申请表，你要不要去看看？"

该填的我明明都填完了呀，还有什么？我跟随"一念信号"，敞开心扉，凑上去看了看，告诉爸爸说："这是申请去新加坡留学的报名表。"

爸爸问:"那你不填吗?"

我答:"我为什么要填?"

爸爸笑着说:"就填着玩呗!"

我哈哈一笑说:"好!"

结果,就在那个夏天,经过层层选拔,我拿到了新加坡教育部的全额奖学金,开始去新加坡留学。

从此,我的人生路径完全改变了。在高中阶段,我顺利拿到了新加坡永久居留权。

当时,像我们这样的留学生,就业首选都是做科学家,或者进入投行、世界500强大公司,而我又成了异类。

我想做的工作,必须是我热爱的。我喜欢与美和健康相关的行业,就跟随新加坡养生协会会长工作;在犹太人开办的护肤品公司里,我是唯一的华人管理者;我还和各个国家的保养品研发团队合作。

这些经历为我和先生回国发展埋下了伏笔。现在回想起来,当时我真是勇敢,敢在没有任何人脉资源和国内工作经验的情况下回国发展,成立跨国快销品公司。

而我因代理或创立的多个品牌,年营收超亿元,我的产品的销量至今仍在细分品类排名前列,我自己也成为"死海矿物硫黄"护肤品的引领者。

我从求学到创业,始终保持着独立思考的习惯,保持着对各种事物的好奇心。"一念"助我成为标准的引领者、制定者和实践者。

"一念"不是"单纯的好运气",它有很明确的信号,我称之为"一念信号",即发现老天要在什么方面帮你成功,你就在这些方面发力。有几个简单易行的方法，帮你识别"一念信号"。

第一，**如果心动了，就马上去行动**！别想别的，摒除一切杂念，因为创作的心流会因杂念而停止。

第二，**如果任何人的文字、视频或资料，让你感觉他是你的同类，就马上去联系这个人**。当一群有创造潜质的人在一起时，创造力就呈几何倍数地提升。

第三，**如果一个人、一件事在你许愿后反复出现，就去抓住它，向前一步看看会发生什么，往往会有额外惊喜和重要的信息**。

第四，**要主动，要坚定，要矢志不渝，坚持长期主义**。

作为一名国际保养品研发和精油专家，我从孩子出生后就开始做母婴天然护理社群，跟大家科普护理知识，和大家共创了天然有机护理品牌"芳香瓶"。我也是最早把母婴芳香疗法培训标准和经验带到中国的人之一。

有一次，走在路上，我竟然被自己社群的群友认出来了，闲聊过程中，我们不约而同地聊到了附近新开的爱问幼儿园。

我觉得这是个有趣的"一念信号"，就抱着好奇心去了解。这所幼儿园的创建者叫宗毅。那时我并不了解宗毅。后来才知道，他是芬尼克兹创始人兼总裁，打通中国南北充电之路第一人，"互联网大篷车"行动联合发起人。

第一次见到宗总，是在 2018 年爱问幼儿园的开业活动中，我还在活动中见到了樊登老师。宗总和大家分享了创立爱问教育的初心，他说："环球 80 天中，和我一起参与的其他中国队员们，没有一个能够使用流利的外语站在外国的讲台上表达自己的观点，这是非常遗憾的，也是值得我们反省的。少年强则国强。于是，我想开办一家幼儿园，培养能够站在世界舞台上的未来领导者。"

那时我虽然已经给女儿在附近的幼儿园报名了,但我还是选择跟随"一念信号",把她送去了刚落成的爱问幼儿园。满三岁的她,成为第一批完整接受爱问三年幼儿教育的小朋友中的一员。我也成了爱问幼儿园第一届家委会主席。

在女儿从爱问幼儿园毕业后,我经段圆慧校监的介绍,认识了新园长刘婷,她有着多年的蒙特梭利教育机构管理经验。在和段校监、刘园长交流的过程中,她们告诉我,爱问越办越好,并跟我分享了最新的经营数据。

后来,基于我多年的品牌创业经验,并与宗总、段校监和刘园长的教育理念同频,宗总邀请我担任公司的品牌战略顾问,希望我帮助爱问获得更全面的发展。宗总告诉我,我有作品感,把教育产品做得很好,又具备敏锐的品牌和商业嗅觉,这令他惊叹不已。而段校监作为爱问教育品牌的联合创始人,是一名优秀的女性创业者和教育者,邀请我担任她本人的生命和商业成长导师。

我的身份由此开始多元化了。我成为企业的品牌战略顾问和优秀个体的生命成长导师。

所谓最简单的至真至纯,其实也是最难的。以我成为爱问的品牌战略顾问的过程为例,我完全没有考虑自己的利益,也没有去想我够不够资格、别人怎么看我、万一说错了怎么办、会不会耽误别人的时间、会不会显得自己很奇怪等,我没有任何杂念,仅是想让这家企业更好、让企业家实现他的社会理想和目标。

16岁时,曾有人告诉我:"像我们这样早早出国的孩子,会成为文化边缘人。你会发现,你和所有人的想法,都不一样。"

我长期在多元文化的环境中生活、学习、工作,和顶尖的学者保持交流;我深入了解过西方文明,也行遍了祖国的美好河山。我并不觉得自己是个文化边缘人，反而认为自己是连接各种文化的桥梁。

未来世界将会发生巨大的变化，我们也将面临各式各样的新挑战。

我会继续探索生命的意义，用"一念"影响更多的生命。

希望我能用"一念"联系到你。

我在未来，期待与你相遇。

未来世界将会发生巨大的变化,我们也将面临各式各样的新挑战。

恒星闪耀：高客单新个体

深耕教育文化领域，成就幸福人生

■ 郭佳丽

幸福家庭践行者
高端家庭教育顾问
箴荣文化创始人

恒星闪耀：高客单新个体

我是郭佳丽，一个在贫困山村出生的、渴望改变命运的"90后"草根女孩。我从小就成绩优异，在附近的十里八村都小有名气。但一心想着努力学习，靠高考改变命运的我，经历三次高考的大起大落，依然没能如愿进入理想的大学，最后来到位于长三角的一所综合型理工科大学就读。上大学时，我做过各种勤工俭学的兼职，参加了各种校内外的培训，尝试了不少教育培训类的创业项目，最后作为"优秀毕业生标兵"毕业。

毕业时，我放弃去各大药企，毅然决然奔赴上海，进入高端家庭服务业学习创业。今年，是我在上海的第八个年头，在经历了四年创业平台的学习训练、三年的自主创业、一年多的生孩子休养，我即将开启人生的下一个阶段——个人品牌创业，继续深耕教育文化领域。

大学毕业后，我很快且顺利地进入职场，担任教育运营管理岗位，一边持续付费学习，提升软硬实力，一边深度赋能和支持家庭教育指导师们成长。数百名家庭教育陪伴师，进入家庭提供教育服务后，收入从0元到月入2万元，年收入超过20万元，甚至更多。在创业平台，我的个人业绩多次排名第一，为平台的2000多位家庭教育陪伴师赋能。如今，我作为箴品教育工作室主理人、箴荣文化创始人，投资家庭成长乐园。八年间，我有哪些精彩的故事，又经历了怎么样的人生起伏？

我走进高端家庭教育服务业，缘于大学时兼职做老师的一段经历。那时我在教育机构兼职，同时陪6～8个上五年级的小孩学习，一个经常考试得满分的小男孩，在课间休息时，不以为意地掏出他的生殖器，被我呵斥才有所收敛。事后，我和机构负责人交流这个情况，她的话让我很震惊，令我至今印象深刻："家长都不管或者管不了的事情，我们也不要多管多问，只管孩子的成绩好就行。"虽然当时给我的工资挺高的,但是我很快就辞职了。核心原因是我与该机构的教育理念不同,教育是"教书育人"的美好过程,教育是用生命影响生命,而非只追求高分。**教育工作者如果只是为了赚钱,就背离了教育的初衷**。

怎么样才能既培养孩子的品格,又高效引导他们学习?唯有躬身入局,学习正确的教育理念,提升自己的软、硬实力,更要深入家庭,来陪伴孩子。努力认真的人,总是比较幸运,我很快便赢得家长的信任和学生的喜爱,成功地赚得高收入。在服务家长、学生的过程中,我帮助解决了很多学生的学习问题和情绪问题,也帮不少学生对学业和人生树立起正确的认知,最重要的是我开始思索家庭教育在一个人生命中的意义和影响。**我一边摸索陪伴孩子成长的核心,一边梳理高端家庭教育服务需要的关键能力**。

后来,我加入一个知名教育平台,开始走上家庭教育指导师的学习和创业之路。我们秉承爱的教育理念,用爱和陪伴走进孩子的内心,协助家长做孩子幸福学业的陪跑人。我们平台越来越多的家庭教育指导师,走向全国一二线城市,服务了上万个理念相同的家庭。我常从家长们口中听到很多真诚的、令人感动的反馈,孩子们喜欢我的自信温暖,家长们欣赏我的靠谱负责。我也曾问过这些家长朋友们:为什么认识我不久,会愿意每年为我付费 10 万~15 万元?为什么愿意长期与我合作,并且持续不断地为我介绍新客户?为什么他们有教育方面的需求时,都让我来为他们服务?他们的答案给了我很大的鼓舞和力量。分享一个特别的案例。

毕业刚参加工作两个月,我就遇到我的第一位贵宾客户,她也是我持续服务了三年的客户。进入这个家庭一周后,我和她进行了深度沟通,她认可我的专业能力和经验,欣赏我身上的韧劲和责任感,想

恒星闪耀：高客单新个体

把两个小孩都交给我带。我当时刚大学毕业，信心和底气都不足，第一年只收取了10万元费用，后面两年增长为每个孩子15万元。在这三年的时间里，我每年有300天的时间陪伴孩子，陪他们完成基本的学习任务后，就和他们一起运动，听他们分享在学校里的经历，了解他们的人际关系，回应他们的情绪需要，同时深入了解家长的教育规划，陪伴他们战胜育儿焦虑。我们在互相信任和配合中，一起走过了一千多个日夜。

这是第一个带给我信心的服务案例，后来我又陆续服务了好多这样的客户，有的客户我已经服务了6年之久。其中，让我特别感动的客户是刘姐和××妈妈，她们是我的朋友，更是我的贵人，在我人生的几个重要转折点，她们给了我很多宝贵的建议和支持。

她们选择我的主要原因，有以下几个：

（1）我能够走进孩子的内心，**真心喜欢教育和孩子**。

（2）**我学习力强，认真、负责、有耐心**。

（3）**我真诚踏实，吃苦上进，知进退，懂舍得**。

（4）**我眼里有爱，心中有光，温暖有能量**。

（5）**我有独特的方法**，能帮助孩子解决情绪问题，提升学习力和信心。

我持续地付费学习，深耕于家庭教育和心理咨询领域，不断提升自己的专业和服务能力，也助力更多的学员学习成长。2020年7月，我结束了7年的爱情长跑，与爱人步入婚姻的殿堂。同年，我决定，自主创业转型做个人工作室。重新筛选精准目标客户，提供学习力陪跑服务。3年下来，我和团队服务了上百个家庭，客单价是5万～20万元/年。

在第8个年头，我创办了一个教育文化公司，正式走上家庭教育赛道的创业之路。在此期间，我坚持读书学习，提升自己的专业能力，提炼独特的学习经验和方法，思考如何用8年的家庭教育服务经验，为更多的客户学员赋能。

2023年5月，我的女儿出生了。在陪伴女儿成长的过程中，我一直在思考：我希望女儿成为什么样的人？对于教育，我能否做到"以人为本"？我的人生使命又是什么？我为什么做教育创业者？我要做什么样的教育工作者？如今，答案越来越清晰——**我要为更多的家庭教育指导师和新生代父母赋能，助力每一个家庭培养有幸福学习力的孩子。**

我到底能提供哪些教育服务？

第一，学业陪跑服务。

第二，升学规划指导。

第三，心理健康疗愈。

第四，幸福共育空间。

教育是一场自我修行的旅程，学习的最终目标是获得幸福。我期待和更多理念相同的教育工作者同行，也欢迎渴望幸福的新生代父母与我联系，我们一起提升幸福力，用生命影响生命，助力更多孩子成就幸福人生。

教育是一场自我修行的旅程，学习的最终目标是获得幸福。

恒星闪耀：高客单新个体

服务慢性病患者，帮助更多人获得健康

■ 侯娟娟

18年控糖慢病专家

中山大学医学硕士

糖尿病逆转机构高级合伙人

恒星闪耀：高客单新个体

我是侯娟娟，医学硕士，18 年间帮助 6 万多名慢性病患者康复，也为 1000 多位企业家提供家庭健康管理服务。

我的祖籍在安徽，目前定居广州。我出生在一个很普通的工薪家庭，因为从小体弱多病，所以立志学医。我的愿望很简单，就是希望学医后可以给自己看病，以及再帮助更多的人。

1996 年，我考入大学，后因为大学期间成绩优异留校任教。

2003 年，我考入中山大学中山医学院读研，来到了我梦寐以求的南方名校。

我患胃溃疡多年，免疫力低下，还长期神经衰弱，这令学医 8 年的我很痛苦和迷茫。

幸运的是，研究生期间接触到了营养学，认识了我的博士师兄，才发现营养素和饮食对慢性病有这么好的效果。我的神经衰弱开始减轻，一年后几乎消失。直到 20 年后的现在，很多专家才敢说营养素是慢性病的终极解决方案，要想身体健康，营养和体质是关键。

研究生毕业后，我继续学习营养学，也在一些企业，比如安利、汤臣倍健、三生等讲营养课。听我讲课的从几十人，慢慢到了几百人，甚至上千人，讲完课找我咨询开营养素处方和饮食配方的人，排起了长队。

我曾和知名的面诊手诊专家赵理明教授同台演讲，向他学面诊手诊舌诊。我还去了 20 多个国家，学习饮食疗法，也认识了世界自然医学联合总会主席马永华教授、著名的养生大师朱鹤亭长老等一些知名专家。

2009 年，我进入一家美业公司做销售。这家公司的规模很大，产品也不便宜，一盒就卖 9800 元，只能用半个月，还请了不少韩国明星代言。我开始研究销售，把当时网上能找到的各行业的销售冠军的视频或者文章都拿来研究，比如卖汽车的乔·吉拉德，卖房子的汤姆·霍普金斯，卖保险的原一平，等等。为了研究客户心理学，我甚至把市面上很多关于销售心理学的书都买回来研读。三个月后，我从一个不起眼的专家变成了公司的首席高客单销售专家，各大机构争着抢我的档期，甚至愿意支付高昂的出场费，金额为50万～100万元。

关于高客单，我有几点体会：

（1）**筛选客户是成交的基础和前提**。

（2）**全方位了解客户**，了解客户渴望什么、抗拒什么。

（3）**解决三个问题**：客户为什么要买你销售的产品，为什么向你买，为什么现在就向你买。

（4）**在最短的时间里团队成员各司其职，配合好**。

（5）**注重细节**。细节包括专业化的应答，热情的态度，整洁的服饰，准确而恰当的发问，以及恰如其分的亲切感和适度的距离感等。

如果说三流的销售卖产品，二流的销售卖公司，一流的销售卖观念，那么顶级的销售靠的是被人喜欢。有时候，我的客户很不开心，打电话跟我聊天，我就会静静地听她说，直到她心情好转。

刘润老师提到过情绪价值是新的增长机遇，我想我疗愈和陪伴客户，也是在为客户提供情绪价值吧！

岁月如梭，一晃我大学毕业23年了，硕士研究生毕业18年了，在调理慢性病这条道路上也帮助了6万多人恢复健康。

我在海峰老师和肖厂长（肖逸群）的指导下，具备了互联网思维，找到了新的方向，期待在两位老师的带领下，可以通过互联网创造属于自己的奇迹。

如果说三流的销售卖产品，二流的销售卖公司，一流的销售卖观念，那么顶级的销售靠的是被人喜欢。

恒星闪耀：高客单新个体

深耕装修行业 20 年，我如何带别人走完痛苦的装修之路？

■ 胡狸姐

装修情报局主理人
高价私宅设计师（设计费 20 万元起）
广州胡狸胭脂设计公司创始人
壹间软装设计公司创始人
东方卫视梦想改造家广州设计团队成员

恒星闪耀：高客单新个体

我是胡狸姐，一名设计师、创业者，业务涉及全案设计、软装、施工。目前，我的私宅设计收费标准是 1000 元/平方米，200 平方米起步。接下来，你所看到的每一句话，是一个在装修行业深耕 20 年的业内人总结的关于装修的真诚、中肯的建议。

很多人把对家的所有的期待与憧憬都寄托在装修上，但有一句老话：希望越大，失望就越大。装修行业极不规范，没有任何的门槛与监督机制，所以装修的业主中 90% 的人靠的都是运气。当我们明白这个行业的现状后，就不会再把所有的希望都寄托于设计师、装修公司和商家。关于装修只需要搞清楚：我家的最大需求是什么？其次是什么？然后是什么？

我们业内一般是从**控本**、**好看**、**好用**这三个方向来归纳装修的需求。

控本：我希望我家的装修费用在我的预算内，我把一切需求建立在装修预算上。做好装修预算清单就能把装修的每一个项目列得清清楚楚，用想花的钱装想要的家！

举例：我知道我要装修的这套房子是 6 年的过渡房，是为了配合孩子上学才买的，不会是一辈子常居的房子，我的最大需求是快速、控本，我可以找施工方帮我完成整体基础装修，找个全包的装修公司或半包的装修公司做好基础的硬装，再自购一些物品完成软装。

好看：我希望我的家是好看的、有格调的，有高级感，具有生活化的功能，又能具备个人工作室等。做好梦想之家的梳理表把家的每个空间、我的每个需求梳理出来，再跟设计师沟通，减少装修中的遗憾。

举例：这是我的第二套房，我希望这个空间能呈现我想要的一切，有温暖的阳光，有家人的微笑，有独特的格调，具备生活化的功能,还要有梦想中的唯美与浪漫。我要找到一个独立、专业的设计师陪伴我一起来做这件事。我知道专业的事情要交给专业的人做,因为一个好的设计师能全面统筹装修项目,并深度参与其中,解决从前期需求规划、设计方案到设计落地中发生的一切问题。

好用:我希望我的家是好用的、方便的,既能满足孩子的成长需求,还有针对老人的适老化设计,也能匹配我们夫妻的生活习惯与生活要求。

举例:我们家三代同堂,上有慢慢老去的父母,下有慢慢长大的孩子,我的家除了满足现在的基本功能与需求,还要考虑居住者的成长或变化,所以需要把三代同堂装修必备清单一一梳理好。

接下来我分享装修中的三大痛点(具体问题)及三个锦囊(解决方案),希望让每个看见这一篇文章的人都能幸福快乐地度过装修之旅,拥有自己的梦想之家。

第一个痛点:选择。

我应该怎么选择装修公司?全包的,半包的,还有自己装?

现在流行什么风格?什么是最美的?我家做什么风格?

别人说实木地板才是最好的,我家是不是也用实木地板?

柔光砖、哑光砖、亮光砖,怎么看?怎么选?

新风系统、水系统我需要买吗?

需不需要装中央空调?

……

第一个锦囊:装修没有好与不好,只有适合与不适合!

按这个思路来进行思考。

以"需不需要装中央空调"为例,要根据你的生活习惯来选择。你对空调的使用次数多不多?你的房子居住时间长不长?你的装修费用够不够?比如我,我是一个夏天开不了10次空调的人,那我装中央空调就是浪费钱。我的答案自然是"不需要"。

装修要适合你的生活习惯,在你的装修预算内,能满足你对家的居住要求!

第二个痛点:取舍。

我要装什么风格才好?

我应该花多少钱才好啊?

是不是一定要有储物间?不能做开放式厨房吧?

听说木地板不好打理,不适合做全屋通铺?

别人说客厅一定要挂电视机,否则不像客厅。

不做岛台会不会落伍?

……

第二个锦囊:装修没有标准,只有取舍。

我的客户有"70后""80后""90后",还有"00后",对于不同的居住者而言,家有不同的意义和需求。

所以,如果你问我,装修要用多少钱、装修什么风格才好、装修是不是一定要做储物间等问题时,我都会回答:"装修没有标准,只有取舍。"

100平方米的房子有的人花50万元装修,有的人花100万元装修(满足了自己的需求,舍了钱);有的人把三房一厅装成一个大套房(满足了独有空间的需求,舍去了万一有亲人来居住的需求);有的人装修厨房、卫生间的墙面都不铺砖,直接刷漆(满足颜值的需求,选择面对墙面出问题的风险)……

这些都是在打破传统装修的固有习惯。**现在的用户越来越考虑自己的生活习惯与需求,满足个人喜好**。

装修要适合你的生活习惯，在你的装修预算内，能满足你对家的居住要求！

第三个痛点：喧宾夺主。

我房子的装修一定要有面子。

我老公说了，房子装修出来要像六星级宾馆那样高档。

凡是最时尚的、最好的，我都要。

我要最流行的装修风格。

......

第三个锦囊：装修装的是空间，"修"的是人。

这几年，越来越多的人开始回归内心，追求自己真正想要的，追求更舒服、更放松的空间，这是非常好的。

但还是有很多人在装修时把注意力全放在空间上，想的是怎么让空间更大一点，怎么让空间好用一点、好看一点，完全忽略了这个空间的使用者。应该是空间为人服务，而不是人为空间让步。所以，在装修前，我们需要考虑四种关系：

第一，人与空间的关系。

空间应该以人为本，我们在讨论装修时，首先沟通的不应该是选用什么风格，而是先梳理居住者对空间的需求。如果你的家上有老人，下有小孩，你需要考虑的就是老人的作息时间、行动路线与其他人是否有冲突，如果有，怎么通过规划空间来尽量避免；你还要考虑小孩的性格是开朗的还是安静的，你想通过空间帮他养成什么样的习惯，比如收纳习惯、阅读习惯、学习习惯等等。

第二，人与人的关系。

相爱容易相处难，家是一个载体，这个载体里的每个人都有自己的生活方式及脾性，所以装修的空间既要开放及包容，以满足一家人团聚的需要，又要满足每一个人想独处的需求。

第三，人与物的关系。

喜欢收集物品是你热爱生活的一种表现,而将收集来的物品放在家中更是一种记录与回忆,让你看到时就感到满足。

第四,人与自己的关系。

人只有爱自己,才有爱别人的能力,在装修时,一定要给自己设计一个小小的空间。每天花一个小时来爱自己,在这个空间里,喝一杯咖啡,听一首歌,或看一本书。

最后,我再说一下进行装修前的心理建设,帮助你摆脱焦虑、困惑,心态平和地完成装修之旅。

第一,**装修是一定会出现问题的**。

第二,**有问题不可怕**,只要对方具备优秀的服务态度和解决问题的能力,问题都能迎刃而解。

最后祝每一个人都能拥有梦想之家。

恒星闪耀：高客单新个体

如何做个快乐有钱人

■ 吉善

诺贝尔和平奖得主推荐的海归哲学硕士
生命智慧实践者
1对1身心升级私教

曾经，我以为我拥有了一切。

作为一个出生于普通小县城的"学霸"，我如愿考入了北京的一所211名校，之后又踏上了欧洲留学的征程。学成归来，我加入了一家世界500强企业，负责海外市场的开拓，仅一年半就获得了公司内部股份和集团级银奖。工作中，我游刃有余，广结善缘；生活中，我登雪山潜大海，挖金矿淘金沙，这样的人生似乎是无数人梦寐以求的。

然而，那时我心中却时常涌现出一种说不清、道不明的遗憾。无论我走得多远，攀登得多高，我始终无法摆脱那种空虚感。**我迫切地感觉到，我的人生需要一个突破性的尝试。**

即使是被誉为"人生赢家"，我也始终觉得生活还远远不够好。我开始追问：究竟什么才是我心中的世外桃源？而它绝不仅是更高的职位，更丰厚的薪水。

我迷茫，无助，离职，创业，我在求学和创业过程中不断问自己，什么是我真正想要的。我相信，每个人的内心深处都有一个声音，在某个静谧的夜晚，在某个喧嚣的街角，它会突然响起，告诉你来到地球的真正使命。

2008年，我与一位闺蜜一起报名参加了一个哲学研究班。在那里，我探讨了生命的意义。我们研究了东西方哲学，但这些理论知识并没有给我带来真正的满足，我开始涉足更加深奥的领域，并报考了中科院的心理咨询师。寻师问道，研究儒释道的精髓。

在学以致用的过程中，我用半小时把妈妈多年的失眠疗愈了。一开始，她不相信我，以为我只是把她催眠了，一个星期后，她说好像挺管用；六个月后，她真的相信，我用半小时把她的失眠问题解决了。

恒星闪耀：高客单新个体

后来，我用4个小时，帮助一位抑郁了2年，大门不迈，二门不出，连快递都不想取的朋友战胜抑郁。他的妈妈感激地对我说："多亏了你，救了他一命，你来之前，他已经多次说想结束生命。"

若干名外国朋友，在我的帮助下，或抚平了分手的伤心情绪，或找到了人生的意义，或在迷途中找到了光明的道路。

然而，现实生活的压力和岁月的挑战，让我领悟授人以鱼不如授人以渔。

在我40岁这年，13年的积累换来了质的突破。我将自己多年的实修经验和智慧结合起来，开发了一套独特的快乐创富指南，帮助人们在追求财富的过程中找到内心的平衡和幸福。我的目标是帮助每个有缘人发现他们自己的内在财富，以最省力的方式找到内心的力量和喜悦。

财富不是生活的终点，它只是一段旅程中的里程碑。真正的财富不仅体现在银行账户的数字上，还体现在我们使用它的智慧中。**真正的富有是一种生活状态，是一种内在的平和与满足，是一种无论外在环境如何变化都不会动摇的自我价值感。**

当我们意识到这一点时，我们就不会再盲目地追逐那些看似耀眼、实则空洞的物质符号。我们会开始寻求那些能够带来真正满足感的经历和关系，那些能够让我们的心灵得到滋养的人和事。我们会开始为自己的成长投资，为自己的终极目标扬帆起航。

我邀请你加入我的行列，一起探索如何在追求财富的过程中找到真正的幸福和满足。这是一段关于生命意义、心灵成长和最终自我实现的旅程。

财富不是生活的终点，它只是一段旅程中的里程碑。

恒星闪耀：高客单新个体

创造自己的精彩人生模式

■ 贾若

高级商业咨询顾问
环球春藤教育创业联盟负责人
一堂城市学习中心主理人
零亿出海首席增长官

我是贾若。

认识我的人，通常会给我贴上以下几个标签：

"一个热爱研究方法论的商业咨询顾问"，我曾服务于蒙牛、七匹狼、李宁、宏碁、惠普、同仁堂健康等多家知名企业，服务内容包括企业战略、商业模式、组织建设、渠道管理、终端管理、私域增长等。我曾助力某企业实现700%的业绩增长，也是省级青年创业导师以及多家创业中心的创业顾问。

"一个喜欢孩子的家庭教育生态构建者"，我是环球春藤教育创业联盟的负责人，合伙人遍布全国。未来环球春藤的使命是"让中国的孩子共享优质的教育资源"，创始人是"孤独大脑"老喻（喻颖正先生），我是老喻的全国第一位合伙人。

"一个知识服务圈的深度学习者和共建者"，我是英国曼彻斯特大学商学院市场营销专业硕士、和君商学院第七届优秀毕业生、和君商学院A6班成员、混沌学园分社联席社长、混沌思维模型大赛全国20强选手、一堂城市学习中心主理人以及全国最大的AI付费社群的初创合伙人。

"一个可能被严重耽误的脱口秀演员"，我在自己的结婚典礼现场，当着600位来宾出乎意料地放了6页PPT，做了8分钟的演讲；我在参加一堂魔鬼讲师训练营时，用被评价为"脱口秀式"的项目演讲拿了全场MVP。

我涉猎的事情比较杂，扮演的角色比较多。那是因为，我的本职工作是一名咨询顾问。

咨询顾问每天做的事情，本质上就是分析现象、探寻规律、指导实践。

我坚信，成长是有规律、有方法的。这套方法我称为"精彩人生模式"。

我坚信，成长是有规律、有方法的。

精彩人生模式包含四个要素：**多档期切换、多项目协同、多剧本体验、多价值传递**。

多档期切换

明星的日程安排叫档期，普通人的日程安排叫任务清单。普通人不把自己当成明星，也不把自己当成主角。当我们用明星的身份去对待人生的时候，便也有了档期，需要在每一个档期都自信满满、光彩照人。

在档期中需要高度专注，而专注本身又是取得成就和获得幸福的要素。专注每一个当下，会让人忘记外界的喧闹、人情的纷扰、时间的流逝。

多档期切换的底层原理是什么呢？通过身份认同直接改变自己的行为。

我领导着数百名春藤合伙人服务来自全国各地的家长，那我就先把自己定义为卓越的领导者；我经常在全国各地做分享，那我先把自己定义为一个优秀的演讲者。

身份认同变了，行为就变了。

多项目协同

一个人一个月做 2 个项目还是做 20 个项目，除了可控时间和个人的能力外，更关键的是项目与项目之间是否协同。

多项目能否协同，取决于对不同项目的管理水平。哪些项目是需要亲力亲为的？哪些项目只参与关键的节点即可？哪些项目是完全可以委托给他人的？哪些项目是需要和其他人共同完成的？理清楚以上问题，就会理解一个人同时做多个项目并不难，因为不同的项目所需要的参与度不同。

多剧本体验

如果把人生比作一本书，那你希望这本书呈现怎样的内容呢？如果书中总是那么几个人物、每个章节的情节都重复单调，那么这样的书肯定读之无味。如果一本书人物生动、剧情起伏，那这样的书一定会引人入胜，让人欲罢不能。

再厚的书也有读完的时候，再光芒四射的主角也有谢幕的时候，再壮阔的人生也有结束的时候。**生命只有一次，碌碌无为地活着，实在是辜负生命**。用体验剧本的心态生活，感受不同的场景，体会自己在不同场景中所扮演的角色，编排属于自己的不同剧情，就会发现每一天都是重要且独特的。

作为一名创业教练，我其实并不主张每个人都走创业的道路。因为创业对人的综合能力要求极高，同时风险也很大。但我又鼓励每个人都可以有超级个体的心态，用最低的成本去体验一下轻创业的模式，因为这种方式起码会让你体验不一样的生活。

多价值传递

一个人想赚钱，无非是在创造价值和传递价值这两个部分上下功夫。

简单来说，你得先创造价值，然后去想怎样将价值传递出去。创造价值很重要，价值传递同样重要。一个做一次性价值创造、实现一次性价值传递的人，和一个做一次性价值创造、却能实现价值多次传递的人，所具备的能量是完全不一样的。什么是一次价值创造、多次价值传递？比如，开发一款软件，可以通过多次下载实现传递；讲一门课，可以通过多个受众传递知识。

有人说价值创造谈何容易？那就做一个优秀的价值传递者，把供和需连起来。谁能把连的事情做好，谁就有足够的底气和自信。

这也是我现在不断努力去构建和服务家庭教育圈以及创新创业圈的底层逻辑。当我拥有了相当多的家长资源和创业者资源的时候，我就是一个优秀的价值传递者。表面上看我没有主动创造价值，可实际上，我每天都在助力价值创造者完成价值的传递。

总结

用明星的心态面对多档期的切换，用项目总监的能力实现多项目的协同，用探险家的精神体验多剧本的人生，用企业家的思维构建多价值的传递，这便是我理解的精彩人生模式。

在这样一个超级个体可以像恒星般闪耀的时代，期待每一个人都能找到属于自己的精彩人生。

我愿意为你助力。

恒星闪耀：高客单新个体

创业、投资、善行，它们是我人生的多彩轨迹

■ 林依媄

持续创业者
个人投资者
日行一善倡导者

在茫茫人海中平凡的我，能为这本书赋予独特的色彩，得先感谢海峰老师和肖厂长，是他们为我打开了写作的大门。我也感谢自己，能坦然地接受命运的馈赠，踏上了这段珍贵的文字旅程。

关于持续创业的思考

我是一位长居德国的持续创业者，对于在不同领域建立稳固的基础后获得源源不断的被动收入充满了热情。我从不局限于舒适区的舞台，而是热切地追寻新的商业机会。我内心深处信念坚定，致力于寻求新颖的理念和成功的方向，不断挑战自己并拓宽自己的认知。

为了事业，我曾无数次默默地挑灯夜战，连续几天几夜的不眠不休是我生活中再平常不过的事情。在创业的最初几年，我几乎没有时间放松，每年仅有两天假期。年复一年，我为创业奉献了大部分的时间和精力。无论遇到多么艰难的挑战，我始终怀揣乐观积极的态度，坚守初心，克服困难。**每一次的辛劳和挫折，皆化作我对事业的热爱和决心**。

在翻滚的创业浪潮中，意想不到的困难层出不穷，仿佛一波又一波的急流向我袭来。是这些挑战锻造了我内心最坚韧和无畏的一面，也让我从中积攒了无价的经验和智慧。每一次的前进都能成就更加坚定和成熟的自己。这条创业之路并非一帆风顺，但它助我成为一个更强大、更自信的人。

创业者从来不缺冒险精神，但在我心中，冒险自有其原则。我曾经历资金短缺的困扰，几乎无法周转，那段日子让我深深明白成本控制的重要性。**我清楚地认识到，在追求收益的同时，确保成本可控是创业成功的关键所在**。

创业者从来不缺冒险精神，但在我心中，冒险自有其原则。

每个国家都孕育了独特的商业文化，比如德国的审慎与严谨、中国的灵活与进取，我深感幸运，能在这两种商业文化中吸取精华。在全球商业环境中，我谨慎航行，走出了自己的创业路径，力求在稳健而持久的创业道路上不断前行，开拓更广阔的未来。

我已经在创业的旅途上前行了 17 年，我所获得的虽然并非世人眼中的辉煌成果，却是我无比珍视的硕果。在数字化时代，这些硕果成为我前行道路上的催化剂。我坚信，这个充满机遇的世界正待我去耕耘。

关于个人投资的思考

随着信息技术的发展，投资门槛越来越低，投资的渠道也越来越多。投资无疑为我们的财富增长提供了新的路径。然而，投资者也必须面对一些陷阱和隐患。

投资可能隐藏着巨大的风险。投资市场复杂，对于缺乏专业训练的个人投资者来说，如果没有足够的研究以及对市场的洞察，是非常容易陷入误区的。

投资骗局也层出不穷。其中，一些常见的骗局就包括——虚拟货币骗局：骗子诱骗投资者通过特定平台购买虚拟货币。通常，投资者的收益和本金会在他们投入大量资金后突然消失。

高收益投资计划骗局：骗子称投资者只要投入一定资金就能获得超高回报。

金融软件骗局：骗子声称，他们拥有能自动交易并持续盈利的软件，以此骗取投资者的钱财。

众筹骗局：有的人拿着一些未经验证的项目声称，他们拥有革命性的产品或业务计划，以此吸纳资金。然而，大多数情况下，这些项目无任何实质性进展，甚至可能根本不存在。

我也不幸遭遇过一些投资骗局。其中一次经历让我记忆犹新。当时我其实做了相关的调研，发现项目有问题，却出于对被投资人的过度信任，做出了投资决定。残酷的现实直接给了我一记猛烈的耳光，结果是投资失利。

当我看着投入的资金在瞬间烟消云散，我深深感到愤怒、懊悔和无奈。然而，我也意识到，我不能一直纠结于过去的损失，并为此消耗大量的时间和精力。我的时间是无价的，我不愿意将它浪费在那些不能带给我积极回报的事情上。我选择吸取教训，并准备以更明智的态度去面对未来的投资机会。

投资是一把双刃剑，一方面它有可能帮助你增加财富，另一方面也可能让你陷入窘境。对于个人投资者来说，关键是需要有明确的投资目标、扎实的基础知识，以及对投资环境的深入理解。而在做出各种投资决策之前，更需要以细心谨慎的态度，客观地、充分地调查和研究。只有这样，个人投资者才能在投资的道路上行稳致远。

其实还有一种意义深远的投资方式，那便是投资自我。我对新知新见的好奇，始终如初。对任何可能推动我前进的事物——一本有深度的书籍、一门启发人思考的课程，或是一位具有丰富经验的导师，我都会尽我所能，投入时间、精力、资金。

我们要保持终身学习的态度，扩展视角，深化对世界的理解，从而在投资领域以及更广阔的人生旅途中创造更多的机遇和可能性。

日行一善的力量

也许是我在翻阅《微习惯》后,那种想要给自己培养一种微小但深远的良好习惯的强烈愿望引导了我;也许是一次旅行时的藏族导游大哥对善行定义的解说感染了我;也许是我想每天都赠予自己一份令自己感动的礼物;也许是老一辈家人给我播下了爱的种子,他们对待他人仁慈善良的行为如同家传的宝藏,无声地影响着我。一次独自呆坐放空的时刻,我心底深处忽然涌生起"日行一善"的念头。

当日行一善的念头在我心中萌发的那一刻,我便用行动去浇灌它,积跬步至千里,寻求那份源源不断的满足感和幸福感。

实际上,日行一善并不复杂,它只是一种深入生活、融入日常的简单行为,仅涉及我们每天生活中的一些细微之处,却能发挥深远而强大的影响力。

思善,你只需心怀善念,在思想上给予他人真挚的祝福;言善,你可以在言语中对他人表达尊重与关爱;举善,它体现为行为举止中对他人的体贴关怀。每一种方式都是行善的表现,都能够点亮他人的世界,温暖我们的心灵。

我倡导日行一善,并希望通过这些文字影响更多的人。我几乎每天都在微信的腾讯公益捐款,并将其公开,并非向世人展示我的善行,而是期待我的行动能激发他人的善念,影响更多人加入日行一善的行列。

我的生活里充满了这些小小的善行。我会在家庭成员生日的时候,为他们给帮扶中心提供一对一的捐款,作为特殊的"生日礼物"。记得在一个寒冷的冬雨日,我在车站候车,遇到了一位土耳其老奶奶，她穿着单薄，光着脚丫，沿着路边乞讨。我毫不犹豫地将身上的欧元给了她一半。然而，我没有预料到她会如此激动，她接过钱后紧紧抓住我的手，不停地在我的手背上亲吻。那一刻，我突然感到自己或许可以给得更多，因为我明白，她只有在极度的需要下，才会有如此深刻的感激之情。遗憾的是，我要坐的车很快就到站了，我没能及时将剩余的钱都给她。

日行一善，就是把握住每一次微小的机会，以善意去参与这个世界，以善行去回报这个世界。日行一善，你我都可以，让我们从现在开始，为世界注入更多温暖与光明。

结语

我们都是宇宙中的恒星，每一颗恒星都有其特殊的意义和独特的光芒。此刻，我向你发出真挚的邀请，请你勇往直前，继续闪耀。最后，我要衷心感谢你，感谢你能一直阅读到本篇文章的末尾。期待我们在未来的日子里再次相遇！

定制化交付，助力高客单成交

■ 刘甜风

C栈品牌创始人
商业IP全案陪跑顾问
拥有14年管理咨询经验

恒星闪耀：高客单新个体

想要持续卖好高客单产品，一定不是靠营销，而是靠好口碑所产生的正向反馈。

本文将帮助读者解决3个问题，实现高客单成交。

如何定制高客单产品？

产品好、营销好、交付好，才能拥有好口碑。

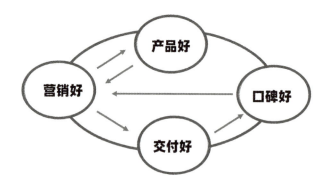

高客单产品的底层逻辑，是帮助用户节省时间。

从知识付费的层面来说，用户需要的不是知识，而是利用知识解决问题、拿到结果。

知识付费正在逐步升级为知识服务，而通过知识服务帮助用户更高效地拿到成果，就是定制化交付。

那么，定制化交付具体该怎么做？有没有什么具体的方法论？

前两年，有一款知识付费的高客单产品特别火爆：**私教产品**。几乎每个老师都有一款私教产品，你只要是这个老师的私教学员，那你就拥有特权：有问题的时候，随时可以私信问老师或者跟老师约时间进行一对一的电话咨询。

私教可以让很多人在遇到困难的时候，找到老师帮忙解决，但问题是很多人不知道问什么。

我分享营销中非常重要的两种思维：卖点思维和买点思维。简单来说，卖点思维是根据自己的优势，我有什么，就卖给用户什么；而买点思维是站在用户需求的角度，用户需要什么，我就卖什么。私教产品运用的就是卖点思维：我有时间、有经验，但是，用户需要的，不是私教老师的时间，而是问题的解决方案。

所以，我们总结出了知识IP要跑通线上商业闭环最需要解决的四个核心问题，帮助知识IP做定制化交付，打造他们的高客单产品。

比如说，我们帮我们的陪跑学员静柔打造出她的瑜伽馆主全案陪跑产品。静柔是一名拥有十几年瑜伽馆经营经验的瑜伽馆主，在过去十几年的瑜伽教学以及瑜伽馆经营的过程当中，她大量付费学习和实践，拥有开好一家瑜伽馆的标准化流程和经验，我们根据她的优势帮她梳理了她的交付流程，定制了这款全案产品。

通过这款产品，她不仅可以赚到瑜伽教学的学费，还能赚到辅导学员开馆的咨询费，并且可以很好地把自己的知识体系传播出去帮助更多人。

我们的陪跑学员小阳，她原本是一个猫舍主理人，按照传统的方式养猫、卖猫。我问她目前最大的困惑是什么，她说就是卖猫竞争非常激烈，大家都在打价格战，根本没有利润。

我问她："那你觉得你的客户把猫买回去之后会遇到哪些难题？或者说像我这样的人为什么不买猫？其实我家孩子挺想养猫的，可是我觉得养猫太麻烦，我怕脏、怕臭、怕养不好、养不活、怕猫生病、怕自己出差的时候猫咪没有人照顾……很多人跟我有一样的痛点。如果你能帮我解决这些痛点，说不定，我也会养猫。"

所以，我们基于此帮忙小阳打造了一套"朵咪科学省心养猫套餐"，提供"需求诊断—科学配餐—专业咨询—猫咪托管"一条龙服务。

客户在她这里买猫，她就提供配套服务，让客户在接下来至少一整年内养猫无忧。这就是闭环思维。

你不能等用户遇到了什么问题，主动来问你，而是提前去想用户会遇到什么问题、你最应该帮他解决的是哪些关键问题。

如何解决定制化交付过程中的效率问题？

我的回答是：

第一，**找出你的用户经常遇到的共性问题**。

第二，**把共性的问题做成课程、做成 SOP（标准作业程序）、做成表格**。

第三，**用咨询解决个性的问题**。

有一份完整的 SOP，下次再做同一件事情的时候，就会高效得多了。

人人都在谈要标准化，那么，该如何总结出有价值的标准化流程？可以分为两个阶段来操作。

第一阶段：找对标，多模型测试。

如果你是一位个体创业者，目前还没有团队，但有建立团队的打算，可以先找几种团队模型去测试，看一下自己更适合哪一种。

目前主流模型有两种：一种是"主 IP ＋助理"模型，助理主要负责帮 IP 做一些杂事；一种是"主 IP ＋公司的几大板块分部门管理"，每个部门有侧重点，但是相互合作。

注意：团队模型的选择要跟你的产品相匹配。

团队模型的选择要跟你的产品相匹配。

第二阶段：保留最适合自己的模型，单点突破。

2021年，刚开始创业的时候，我做了两款产品：一款C栈年度会员，一款C栈私董，后来在营销和交付的过程中，我发现我的团队精力有限，我只能聚焦发售一款产品。我选择先把焦点集中在推广价格为1980元的年度会员产品上。可是，我发现，无论我怎么努力，我一次都只能卖二三十单，也就是说，我一次发售，营收可能就只有4万~6万元。再加上私董产品的成交量，我一个月的营收也很难突破10万元。而且年度会员的交付对我来说，很费心力，续费率还不太高。

今年，我专注做高客单产品后，我就发现，每个月营收30万元比以前每个月营收10万元还轻松，而且，我只需要关注那几个学员就可以。我特别喜欢做咨询，通过咨询帮学员解决问题，我会觉得很有成就感。

通过对比之后，我就找到了自己真正热爱的是什么，以及怎么做才能够更高效。我开始梳理高客单产品的整体流程：在交付过程中，学员遇到的核心问题有哪些，我把它们全部做成SOP，先辅导学员，接着把我怎么辅导学员的过程，以及流程整理出来，交给团队，最终提升交付效率。

如何实现高效复制？

这需要团队。我建立了高客单产品的标准化体系，组建团队分别负责各个板块。

目前，我建立了团队内部的培训流程，**流量端、转化端、交付端**这三个板块的团队成员来公司之后，我只需要给他们做对应板块的培训，他们就可以快速上手，实现高客单产品的高效复制。

恒星闪耀：高客单新个体

深耕国际工程行业38年，3次华丽转身，我将如何再次突破成为小而美的超级个体？

■ 罗琼俊

英文合同避"坑"教练
国际商务合同谈判实战导师
国际工程风控操盘手

恒星闪耀：高客单新个体

大家好！我是罗琼俊，是一名"65后"。我在国际工程领域从业38年，2021年1月退休，受公司返聘至今。另外，我目前还是英文合同避"坑"教练、国际商务合同谈判实战导师、国际工程风控操盘手。

回顾整个职业生涯，过往的场景历历在目。

一路茁壮成长，3次华丽转身

1987年，临近大学毕业的前几个月，我的工作就基本上确定了，是一份前途似锦的工作。

没想到一次逛街时，我和母亲碰到了她的老同事一家。在交谈中，老同事的夫人说他们公司（湖北电建一公司）需要出国翻译，问我想不想去，如果想去就去参加面试。回家后，我家召开了一次家庭会议。我的想法是：去试一试，因为英语专业一毕业就能有机会出国锻炼，在当时是十分难得的，能够学以致用，快速提升自己，而且待遇和福利也不错。最后，全家一致支持我去面试。

虽然对电力知识知之甚少，但凭着自信的表现和流利的口语，我通过了面试，从此走上了一条辛苦折腾却收获满满的"不归路"。

湖北电建一公司自1984年走出国门，在接下来的三十多年里，在巴基斯坦、菲律宾、尼泊尔、马来西亚、印度尼西亚、印度、苏丹、南非、泰国、孟加拉国、新加坡、埃及……都留下了自己的足迹。我的二十年青春也随着湖北电建的足迹飞扬。

那时，出国受的罪一般人无法想象，我的几位同事甚至牺牲在异国他乡，但艰难困苦没能阻止我成长。当时整个工地上，总共有十几个翻译，我是唯一的女翻译，也是最年轻的翻译。我每天除了吃饭睡觉，就是工作和学习。我很少待在办公室，大部分时间都是到工地与深耕国际工程行业38年，3次华丽转身，我将如何再次突破成为小而美的超级个体？

业主沟通、与咨询工程师理论、与分包商打交道催促进度、向师傅和工程师们请教设备的功能等。回到宿舍就埋头学习，近千页的项目EPC（工程采购施工合同）英文合同前前后后背诵了不下三遍，商务部分还默写了一遍。

1991年，我迎来了我职场的第一个辉煌时刻。中国代表团参加巴基斯坦贾母肖罗电站项目的竣工谈判。谈判第一天，由于随团翻译对合同和电力术语/技术知识不熟悉，会谈无法进行，下午被迫休会。我接到急调我去谈判的指令，连夜乘飞机赶到拉合尔市。第二天谈判恢复，此次谈判持续了16天。我发挥极好，各种技术术语、各条合同条款信手拈来。会后巴基斯坦水电开发署主席连连发问："Are you an engineer? Are you an economist?"（你是工程师？你是经济学家？）在我还在发愣的时候，副团长田总忙说："Yes, yes. She is a small engineer and small economist."（是的，她是一个小工程家和经济学家。）

此后数年，我多次被邀请参加各大型项目的合同谈判。在结婚、怀孕、哺育女儿的两年时间里，我完成了华中科技大学西方经济学在职研究生的学习。二十年间，除了巴基斯坦，我在非洲和东南亚近20个国家也留了许多精彩有趣的故事。

由于家庭原因，我无法长期漂泊海外，在2007年2月含泪写下了辞职报告，告别了永远的娘家——湖北电建。

离开湖北电建后，我入职凯迪电力，这是一家武汉的上市私企。我曾担任两个项目的商务合同经理。

2009年1月初，我经老同事举荐，到阿尔斯通（武汉）面试，很快拿到录用通知。辞职时，凯迪电力总经理徐总与我握手告别，并对我说："谢谢你！希望有再次合作的机会。"谁承想，这句话预示着

6年后的回归。

2009年2月,我入职阿尔斯通(武汉)工程技术有限公司法务及合同管理部。2012年年初,我随公司搬迁到北京。在阿尔斯通,我担任了两个马来西亚电站EPC项目的合同经理,还兼任物流经理和知识转让经理等。

2015年1月,我因母亲摔跤骨折、卧床不起辞职,离开北京,返回武汉。

2015年4月,回到老东家凯迪电力。公司徐董事长(原总经理)的一句:"你好!欢迎回来!"令我倍感亲切。

一回到老公司,我就着手处理公司在越南和沙特两个项目的索赔事宜,也负责其他海外项目的商务合同及风控工作。2021年,我从凯迪电力退休,被公司返聘至今,目前主要承担公司印度燃煤电厂FGD(烟气脱硫)项目的商务合同管理、风控、项目管理工作。

退休后返聘,我要成为超级个体

多年以来除了本职工作,我一直为多家国企或私企提供英文合同管理、合同谈判、索赔等相关的咨询和培训。

我的母亲于2022年3月17日去世,母亲卧床六七年,最后两年患了老年性痴呆。问她是谁,她却说出我的名字,还常常讲我过去的经历:年轻的时候去过好多国家工作,参加过许多合同谈判……虽然母亲对我的专业不是很了解,却对我的经历和荣誉如数家珍。每每听她说这些,我的心都在流泪。

我一直是父母宠爱的女儿,也是他们的骄傲。父亲21岁曾赴京参加群英会,受到毛泽东、朱德和周恩来等老一辈革命家的接见。父深耕国际工程行业 38 年，3 次华丽转身，我将如何再次突破成为小而美的超级个体？

亲一直是我的榜样。我工作后，只要在同事和亲朋好友面前谈到我，不苟言笑的父亲总会满脸笑容。直到现在，亲朋好友还会常常提及父母谈到我时骄傲的神情。

每每想到父母，总有一股暖流涌上心头！我知道天上的父母还在注视我、陪伴我！而我会继续让他们为我骄傲！

我能否再次突破？

3 次华丽转身、近几年不断探索、一年多商业课程的学习以及行动的结果告诉我："Yes，I can！Now I am ready."（是的，我能。我已经准备好了。）

目前，我与某著名项目管理咨询公司达成长期合作协议，为其提供与国际工程和国际贸易相关的培训和咨询服务，并筹划利用 ChatGPT 建模，承接合同分析、风控程序、合同变更、索赔、撰写项目商务计划书和项目执行计划书等业务。

我组建了团队，全部采用线上办公。我的团队成员均有海外留学或海外工作的经历，另外，我在海外各国的同人们能随时支援我。

最后，我想将《少年的模样》（刘润 2023 年度演讲的主题歌曲）分享给大家。

　　……

　　以梦为马，我心就是我的边疆

　　你合十的手掌

　　我知道是相信的力量

　　不怕山高水远路长

　　只要我们站在彼此的身旁

　　……

　　不管世界投来怎样的目光

恒星闪耀:高客单新个体

每一步都要走出绝美的诗行

待斜阳,浅吟低唱

别忘记我们永远少年的模样

我虽年近花甲,但依然年轻。愿我们永远年轻,永远青春飞扬!

我虽年近花甲，但依然年轻。愿我们永远年轻，永远青春飞扬！

恒星闪耀：高客单新个体

高管教练帮助你开启人生的新篇章

■ 聂明

启明星球创始人
人生导师
资深生涯规划顾问
高管教练

高管教练作为一种职业，起源于 20 世纪 70 年代和 80 年代的美国。当时，一些企业家和领导人意识到，他们需要一种能够帮助他们提升领导力的指导，而传统的培训和咨询方式并不能满足他们的需求，于是，高管教练作为一种新兴的服务形式开始出现。

在中国，高管教练出现在 20 世纪 90 年代末和 21 世纪初。当时，中国经济快速发展，市场竞争激烈，越来越多的企业领导人开始意识到需要提升自己的领导力，才能更好地应对挑战和机遇。因此，高管教练在中国逐渐流行起来。

随着中国经济的持续发展和全球化趋势的加速，中国对高管教练的需求也日益增长。目前，由高管教练进行培训已经成为中国企业领导人提升自身能力和促进个人发展的重要途径之一。

我做高管教练多年，深知很多人对高管教练的价值和意义充满好奇，想深入了解这个职业。接下来，我将通过几个真实案例，带你踏上一场关于高管成长的深度旅程，揭示高管教练如何成为职业道路上的重要导航，帮助你开启精彩人生的新篇章。

案例一：决策艰难的合并

一名学员是一家公司的首席执行官，他要做出一个关系公司前途的合并项目决策，感到压力巨大。决策的重要性和害怕失败的恐惧感让他陷入焦虑，不仅影响工作，还波及他的个人生活。

学员的困惑与卡点

公司的合并决策带来前所未有的挑战，该学员发现自己在孤独中挣扎，不知如何平衡公司的利益和个人的情感，感到决策的压力愈发沉重。

我作为教练的反馈与提问

针对学员的情绪和压力,我通过深入的对话,了解了学员的困扰和卡点。我不仅教授了冥想和情感管理技巧,还启发他如何在高压下保持冷静,以更平和的情绪做出明智的决策。通过提问,引导学员去**思考决策中的核心价值、公司的愿景和长期主义策略,以及在压力下如何保持领导者的冷静和智慧。**

学员收获

这个过程不仅让学员成为更好的首席执行官,更锻炼了他的领导力,他学到了如何在职业生涯中行稳致远,而这一切都得益于高管教练的深度引导和关键对话。

案例二:工作与生活的平衡

这名学员是一个工作狂,追逐工作带来的成就感,却忽视了自己的家庭和健康。当她意识到这一点后,决定寻求高管教练的帮助,希望找到工作与生活的平衡点。

学员的困惑与卡点

该学员几乎把所有的时间都投入到工作中,忽略了家庭和个人的需求。这导致家庭关系和亲子关系紧张,同时她的健康也亮起了红灯。她迫切需要找到工作和生活的平衡点,但不知如何着手。

我作为教练的反馈与提问

通过引导式的对话和故事分享，我问学员："你最想要的是什么？"这个问题帮助学员提升了自我觉察力，她做了自己的价值观排序，明白了自己努力工作的终极目标是追求幸福。通过这个提问，学员深入思考工作与生活的关系，以及如何在两者之间保持平衡，从而形成了对自身的更深层次的认知。

这个案例凸显了高管教练帮助学员在个人生活与职业生涯之间做取舍和平衡中的作用，高管教练通过提问促使学员与自己内心进行联结，做到身心合一。

学员收获

高管教练通过一个关键问题引导学员思考如何在工作和生活之间保持平衡，如何设立边界，以便拥有丰富多彩的生活。 现在，该学员的心态更平和，内心更笃定和有力量。

案例三：团队协作能力的提升

一名学员作为企业高管，发现团队的协作出现了瓶颈，领导和员工之间的沟通似乎出现了问题，内耗多，从而导致项目不能顺利进行。

学员的困惑与卡点

团队内部的沟通瓶颈，让员工间的协作不够紧密、工作时互相推诿，该学员对员工的工作态度和结果感到担忧，尝试过几次内部沟通，但是效果不好,所以迫切需要提升领导力,但不知什么方法是有效的。

我作为教练的反馈与提问

通过做匿名调研、和部门负责人及核心团队进行一对一访谈,发现团队与部门之间、员工之间存在沟通问题,找到了冰山下的真正原因。**建议高管做团队教练培训,引导学员思考自身在团队建设中的角色、如何发挥自己独特的领导力、如何更好地体现人文关怀,从而强化团队的愿景、使命和价值观。**

学员收获

高管教练前期通过调研和访谈,引导学员关注团队成员的真正需求,结合团队培训,打破沟通壁垒,提升领导力。

案例四:挑战创新边界的冒险者

作为一名企业创始人,该学员一直热衷于创新,目的是帮助企业找到第二增长曲线,但在推动公司走向新领域时,却陷入了迷茫和困惑,在公司内部面临质疑和各种挑战。

学员的困惑与卡点

在创新的道路上,学员深感困惑和迷茫,有时候有点孤立无援,充满了挫败感,不确定如何通过创新推动公司的业务增长,从而迈向新的高度。

我作为教练的反馈与提问

我通过和这名学员进行深度沟通,帮助学员梳理什么是真正意义上的创新、创新应该围绕哪三个维度。分享硅谷的创新设计思维理念，引导学员找到了推动公司创新的新思路。通过强而有力的提问，帮助学员意识到真正的创新是如何产生的、应如何激发团队去共创，从而找到了推动公司向前的动力。

学员收获

教练的提问帮助该学员梳理过往的经验，找到了一把钥匙，可以打开创新的大门。

案例五：工作关系与亲密关系的矛盾

这名客户是先自己创业，后来公司做大做强了，她先生辞职，与她一起经营公司。该客户很感性，但她先生很理性，做任何决策都要看数据，两个人在夫妻关系的基础上，又多了一层创业合作伙伴的关系，角色错位，最后的结果是员工在公司不知道听谁的，他们还容易把各种创业的压力和情绪带到家庭中，导致夫妻关系紧张，孩子们也很压抑，学习成绩下降。

学员的困惑与卡点

学员发现自己现在的生活是一地鸡毛，每天充满了各种争吵和拉扯，感觉自己没有能力去处理好各种关系，更谈不上把公司的业绩做上去。心力不足，甚至怀疑自己的能力。

我作为教练的反馈与提问

我通过平衡轮帮助学员厘清自己的目标和方向，通过一次次对

恒星闪耀：高客单新个体

话，让学员对自己和她先生有一个客观、中立的态度。学员在对话中自我觉察，找到了与她先生相处的边界。我鼓励她和她先生进行开诚布公的交流和沟通，在一次次对话中，双方重新建立信任，找到了彼此的长期目标和短期目标。

学员收获

教练对话是一个很好的自我觉察和梳理的过程，学员看到了她先生身上的闪光点，同时也意识到自己需要勇敢地去面对挑战，理性思考，发挥她和她先生身上的优势，设立工作和生活的边界，制订家庭经营的原则。现在，他们相处很愉快，成为生命共同体。

我亲眼见证了学员们的成长与蜕变。高管教练不仅仅传授知识，更引导思考、唤醒潜能。**通过深刻的对话和强有力的提问，我帮助学员们找到问题的关键，并引导他们自己去寻找答案**。在这个过程中，学员们不仅解决了眼前的问题，更培养了未来自主解决问题的能力。高管教练，不仅是职业上的引路人，更是陪伴个体成长的导师。这正是高管教练的真正价值所在。

通过这几个案例，我与学员们一同迎接了领导力、工作和生活保持平衡、团队协作等方面的挑战。每一次对话，都是一次心灵的碰撞；每一个问题，都是一扇通往成长的大门。高管教练的价值不仅体现在帮助解决问题上，更在于激发个体潜能，引导他们找到自己前进的方向。所以，当你好奇高管教练的真正价值何在时，或许可以从这些案例中找到答案。高管教练不仅为职业生涯铺平道路，更助力个体发现内心深处的智慧与力量。

通过与各行各业、不同背景的学员互动，我看到了人性的复杂与美丽。教练并非只是传授技能，更是在每一个学员的职业和个人生活中撒下了一粒种子,让其身心灵健康成长,活出自己想要的生命状态。**高管教练之所以能够触及学员的内心深处,关键在于了解学员的痛点,通过提问引导学员找到问题的根本**。这种深度引导不仅仅是为了解决眼前问题,更是为了培养学员未来自主解决问题的能力。每一个问题都是一个契机,每一个困惑都是一个成长的节点。高管教练不仅为你提供解决问题的途径,更教会你如何在未来的道路上自己找到答案。我的使命是帮助 10000 个人成长,活出心花怒放的人生。

教练对话是一个很好的自我觉察和梳理的过程。

恒星闪耀：高客单新个体

用 AI 数字化新商业模式操盘传统家居城

■ 晴语

本色商学创始人
企业全域 IP 商业操盘手
天大实体数字生态联合创始人

恒星闪耀：高客单新个体

从"北漂"到创业，一路逆袭

"我和别人不一样，我要走出去。"从小生活在封闭、贫穷的农村的我，一直有一个走出去的梦想。我如愿考入 211 大学，再考入北京的 985 大学读研，3 年后作为引进人才留在北京。我用 5 年时间成为行业里年轻的兽医总监，还曾任北京市现代农业产业技术体系综合试验站站长。

后来，我放弃"铁饭碗"，转行做互联网商业，5 年内操盘了 200 多个商业社群，举办了上百场沙龙。2020 年，我用一年的时间招募了 5 万~10 万元客单价的合伙人 50 多个，社群变现 200 万元，影响辐射 10 万人。我跟随平台一路成长，逐渐成为一名做个体商业孵化的知识 IP，成为平台的联创核心团队成员。我作为操盘手，和团队一起运营 50 万用户的私域，孵化了 100 多个超级个体，也赋能了 10 多个企业家 IP（客单价为 30 万元），合著出版了畅销书《活出自己》。我带着儿子实现了旅居办公。

2023 年，儿子上小学了，我在北京成立了自己的公司，一方面把这 5 年做私域 IP、内容营销、直播发售、私域搭建、社群操盘、商业定位等的经验和心得梳理成课程，赋能实体商家和超级个体；一方面帮助企业做商业变现操盘。我的经历证明每一个创业者都可以把自己的能力发挥到极致，活出自己生命的本色。

从做知识 IP 到操盘家居实体店

我在上一段创业经历中认识了茉莉，她就是我操盘的北京天大每一个创业者都可以把自己的能力发挥到极致,活出自己生命的本色。

恒星闪耀：高客单新个体

国际家居城的董事长。茉莉定居澳大利亚，在线上创立了智升价值平台，带领上千人书写生命之书。2023年6月，茉莉临危受命接管家里经营了27年的家居城。新冠肺炎疫情期间，家居城贴补商家，亏损1000多万元。2023年以来，家居城不好招商，商家入驻率低。

茉莉觉得要让企业活下来，必须进行一次大的改革，需要注入新商业思维，但她不清楚具体如何做。茉莉对我的商业能力很认可，她希望付费请我操盘家居城。我做了5年私域新商业，运营过很多成功的社群，也操盘过很多商业项目；有企业经营管理的经验，也有系统化管理项目的能力；我们都在北京。这就坚定了她选择我作为操盘手的信心。

用我5年的新商业经验赋能实体行业，也是我的梦想，我接受了这个挑战。**我们一起畅想未来，用AI、IP和公私域运营，赋能实体家居的品牌、营销和销售**。茉莉亲自挂帅商学院院长，调度内外部人马；我担任商学院副院长，负责操盘。

跌跌撞撞的操盘经历

茉莉找我操盘前也是有顾虑的。她对我的私域能力虽然认可，但也担心我对家居行业不了解，私域在家居行业的可行性不强，万一雷声大雨点小最后没有效果怎么办。

真正让她打消顾虑的是我给天大国际家居城做了一次完整的商业梳理。我发现当时北京石景山区20多个家居建材卖场，只剩下3个，从业者刚刚挺过疫情，信心非常不足。

定位定江山，**要想在这个大环境里生存，必须走一条符合自己特色的垂直细分赛道**，我分析了石景山区的3个家居卖场，给天大做了细分定位：做一家适合北京工薪阶层的、有温度的中档家居城。我制订的商业计划包括：如何公域获客、如何公域转私域、如何搭建私域体系、如何线上和线下相结合、如何梳理商城的私域用户、如何撬动商家私域资源、如何招商等。我让茉莉看到了落地的可能性，于是她的顾虑由此打消。

但刚开始并不是那么顺利。我鼓励商户把活动海报发到朋友圈，100多个商户勉为其难地发了3天，但几乎没有人扫码进群。眼看活动快开始了，群里才20多人，有一半还是自己人。我号召往群里拉人，却发现商户不愿意把自家的用户导流到家居城的流量池里，即使个别商户拉了一些，群里的人数也少得可怜。我们用AI剪辑营销视频，刚开始几天的曝光量也很小。于是，我们动员商户，宣讲建立社群对每个商户的意义，又设计了一套社群运营计划，如进群就领红包、每拉3人进群可获奖品一份、凭在社群的截图可到现场砸金蛋、群内提前曝光活动内容等，展现品牌的初心和定位。社群慢慢建起来了，积极的商户开始往群里拉人，群里的用户数也开始裂变，只用1天的时间群里就进了300多名用户。活动当天，我们设计了让现场顾客添加企业微信进群的路径。活动完，积累了500多名精准用户，每天都有用户在群里咨询家居产品和价格。茉莉说我真的非常坚持，又有耐心，第一个社群能做起来，离不开我的推动。

我的总结是：**流量越来越贵，获客越来越难，必须要建立企业的私域**。每个商户都积累了一批老用户，却没有真正和用户连接。通过抖音、视频号引流来的用户，要把他们留存在私域。通过激活私域用户，提高成交率、复购率，就可以用小流量获得大盈利。

我接手操盘后，做了两件事情。第一，**通过一场线上线下结合的活动激活现有商户**，形成一支品牌联盟队伍，带领商家扭亏为赢；第二，**启动抖音号、视频号，带动商家做账号矩阵**，增大品牌曝光量，为线下商城增加客流量。这两件事情都取得了非常好的效果。

另外，**我还陪跑商户 30 天短视频打卡**。原本他们每天忙于卖货、安装，有时候还要管理工厂，一天基本没闲着，从没听过剪映是什么，日更短视频后，有的短视频播放量达到几千次，点赞数近百次，真让人赞叹。

在这次商业操盘中，我先做了商业定位，再开启了第一个社群，用 7 天时间组织了家居城的第一场活动，在活动现场给予细节指导，随时解答家居城在运营中的难题，最终销售额为 556 万元。茉莉对整个操盘的策划和实施非常满意！这次操盘让她和团队坚定了搭建私域的信心，也验证了新商业模式可以在实体家居行业打造私域变现闭环，让从来没有接触过新商业的商户看到可能性。做装修公司的郑老板，以前不善表达，第一次在群里分享还非常笨拙。后来我带他发朋友圈、做短视频，现在他做短视频很溜。有一次发动群内的伙伴给他点赞，引流 65 名用户联系他，咨询家具定制和装修问题。有了这个场域，家居城的品牌和文化潜移默化地影响着群里的每一名用户、员工和商家。

在企业创新的过程中，原始团队不一定支持创新，公司的掌舵人是很孤单的。茉莉说找我做操盘，其实是寻找专业的人来组织新团队。作为操盘手，我必须了解创始人真正想实现什么，为她定制个性化服务，帮助她实现业绩，并在行动上给予她陪伴。我的理念是，即使创始人都要放弃了，我也不能放弃；如果团队有抵触情绪，就要说服他们，直至团队达成一致；要不断追踪反馈，跟客户频繁沟通，不惧阻力实现目标。我在短期内帮茉莉把想法落地，这让茉莉感到非常欣喜。

茉莉说："操盘手有很多，而晴语更懂我真正想要创造什么，她陪我完成业绩目标，和我碰撞出很多新灵感，让我得到意外的收获！我找晴语操盘，是把她当成合伙人的。很多人遇到困难就放弃了，有时还要拉着别人放弃，但晴语非常有韧劲，能够在关键时候坚持。她是活出自己的典范，不但注重商业增长，还重视人格的完善，对生命觉醒的教育事业坚持不懈。她践行的是商业本身，这也许就是她的品牌叫'本色商学'的原因。"

新商业模式在实体行业中的未来

实体店不是没有流量了，而是用户转移阵地了。用 AI 1 分钟生产 1000 条短视频，通过自媒体矩阵获取客户，用社群、朋友圈维护客户，用私域卖货，这就是新商业模式，是实体企业必经的转型之路。

传统的家居城通过空间的租赁实现利润增长，但增长非常有限，我们转变思路，正在打造一个以用户生活圈为中心的家居生活馆，用 AI 生产短视频获客，建立私域用户池，不但可以销售家居建材，跟家有关的东西都可以实现线上销售，这就大大提升了用户的终身价值，还能用 web 3.0 数字生态把用户沉淀下来。把服务用户一次变成服务用户一世，这样就不会总是为流量而焦虑。

我用新商业模式操盘传统家居城。我相信新商业模式的潜力是巨大的。无论是家居行业还是其他实体行业，都可以通过新商业模式，精准地获得客户，获得更高的转化率和更多的企业数字化资产。目前我还将这套方法用于上海源泰律师事务所的直播，也取得了很好的成绩。

只要我们不断学习、创新和探索，一定能够在新商业模式的引领下，获得更多成功。

恒星闪耀：高客单新个体

拓宽认知边界，助力高客单成交

■ 王羽墨

视觉内容营销策划专家
央视国防军事频道前纪录片编导、记者
香港城市大学营销学博士

你好，很高兴认识你！我叫王羽墨，前媒体人、微信视频号双金V博主。创业1年，我从1个用户发展到成功运营百人训练营；从1个月只赚400元，到一次签下10万元高客单。在这篇文章中，我将把我踩过的"坑"、蹚平的路，毫无保留地告诉你。相信我的故事，能帮助你拨开迷雾，迎接暖阳。

我是谁？

中央电视台国防军事频道前记者、纪录片编导，所制作的节目在全国拥有10亿受众；中央电视台《天气预报》最年轻的制片人、主持人。

2022年，我辞职创业，别人对此表示不解，放弃稳定而光鲜的工作，这真的是一个理智的决定吗？尽管内心有着深深的不安，但我不得不认清现实，那就是"个体传播"的时代已经到来。

平台势能，不等于个体势能。从大平台离开，就像小婴儿断奶，需要有极大的决心和毅力。都说"万事开头难"，但只有迈出第一步，你才会拥有未来的无限可能。如果你锚定了一个目标，千万不要有"万事俱备，只欠东风"的想法，这种心态只能说明：**你在心理上并没有真正做好准备，那这股东风也永远不会来**。

我认为当你专注地做某件事，一旦为他人所知，那么所有的资源就会逐渐靠近你。我的产品包括文案代写、文案教学、短视频训练营、短视频训练营＋一对一工作坊、视频号全案服务等。

高客单成交的关键因素

高客单并不会在创业初期出现,它需要你在一个领域有足够的积累。下面总结分享我的思考。

1. 产品差异化

高客单产品,尤其是与内容、流量、影响力这些词汇相关的产品,目前市场上已经有很多了。打造有差异化的产品,在内容创作、运营方式等方面自带核心 IP 的风格色彩,以此打动用户,是非常重要的。

用户普遍反馈我的高客单产品有以下两个特点:第一,央媒前工作人员的身份,**能让用户产生强烈认同**。第二,**资源迁移**。我的高客单用户有机会登上国家级媒体,这对企业主和想扩大影响力的人来说有极大的吸引力,也是不可替代的资源。

2. 极佳的用户体验

服务用户的过程,也是非常重要的一环。你要理解用户,为用户提供极佳的体验。这需要做到两点:

第一,**了解用户**。你需要了解这个用户身处的群体都有哪些特性,用户独特的外貌特征和行为方式。你要对潜在用户有深刻的理解,才能在与他们第一次对话的时候,打动他们,让他们产生你懂他的感觉。

第二,**必须尊重每一位高客单用户的独特性**。我在为高客单用户拍摄视频的时候,给他们提供明星一样的体验。在服务过程中,要让用户感受到被重视、被支持、被关注，这将会在很大程度上提升用户体验。

3. 好口碑、高复购

高客单不是一揽子交易，后续往往还有一系列的合作。所以，高客单成交当中最后的两个关键要素就是**口碑**和**复购**。

口碑对于高客单成交为什么这么重要？是因为它与最终能否成交有极大关系。我的第一位高客单用户，能够心甘情愿地为我付费10万元，主要是因为我有一贯的好口碑。**好口碑，直接关系到用户是否愿意信任你、信任到什么程度**。高客单用户往往具备可挖掘的复购需求。想促成复购，与高客单用户建立更加良性而长久的合作关系，好的口碑必不可少。

高客单成交三大障碍

1. 信任障碍

如果我问："高客单成交的基本前提是什么？"你会怎么回答呢？或许你会毫不犹豫地说："是流量。"我希望你能认识到：**流量代表无限可能，但绝不能直接等同于成交，更不能直接等同于高客单成交**。

高客单用户的筛选非常严格。横亘在你与高客单用户之间的第一道障碍就是信任障碍。

我的高客单成交之路的起点极低。我第一次做社群分享，门槛费用只有9.9元，是教大家怎么做选题日历。当我准时上线的时候，直播间里只有一个学员。那位学员还很贴心地说："老师，要不咱们改天？"

高客单不是一揽子交易，后续往往还有一系列的合作。

我说:"没关系,今天给你做私教!"时间一分一秒地过去,有人陆续进入直播间。直到课程结束,直播间里一共有18位学员,这18位学员给了我继续努力坚持的底气。创业一年之后,我终于拥有了第一位高客单用户。

自媒体创业,与陌生用户建立初步信任,是常常被忽略的障碍。 如何与用户建立信任呢?你只需要在**能力、善意、正直**三个方面大做文章、反复强化,就一定可以增强与用户之间的信任。

你需要反复地告诉用户:在自媒体领域,你有很深厚的背景和很强的能力,有作品,并且广受好评。你要不断释放善意,让用户在心理或情感上愿意靠近你。你需要不断强化自己的正面形象,展现正直的特质。

2. 体验障碍

如何突破体验障碍?你要让用户产生明星般的体验。当我访谈我的高客单用户的时候,有一位用户讲了一个细节:当他来到演播室,准备录制的时候,忽然看到自己的衬衫有点皱。这个时候,他发现在演播室的角落,放了一台蒸汽挂烫机。我请他把衬衫换下来,亲自帮他熨烫好。这只是一个很小的细节,却让他产生了极大的心理慰藉。他感觉到,自己是被充分关注的。这对用户来说,是非常棒的体验!他会爱上被关注的感觉,从而期待下一次的录制。

在录制之前,我会提供一项很重要的服务:**调动用户的"录制情绪"**,用户对此的反馈是"非常棒"!我作为国家级媒体前主持人,用专业的手法帮助用户调动情绪,还辅导用户提升表达能力,不仅有助于用户在录制时保持最佳状态,也为用户以后在更大的舞台上演讲打下了基础。

我服务的高客单用户,往往在某个领域拥有巨大成就,但对线上宣传，尤其是内容制作方面一窍不通。他们没有充足的时间和精力去学习，又不想交给不信任的团队操盘。而我的高客单产品包含了 IP 成型的所有环节，包括：定位咨询、内容设计、选题制订、选题修改、文案创作、文案修改、声形辅导、集中录制、剪辑上线。

整个交付过程，对用户来说是一个个性化的学习过程，同时也解决了他们想做这件事，但无从下手的痛点。整个交付过程，会随时以 SOP 的形式更新。

3. 推荐障碍

推荐在高客单产品的成交和复购中起着至关重要的作用。前文已经提到，高客单用户具备复购需求。而好的高客单产品，一定是具备推荐价值的。

你的用户愿不愿意推荐你的产品？愿意用多大的力度推荐你的产品？这是两个非常值得思考的命题。以下三个方面决定用户是否推荐你的产品：

第一，**主 IP 定位**。如果主 IP 的可信度高、背景过硬、能力很强，那么用户主动推荐的可能性就大。

第二，**产品体验好**。交付过程中，用户的体验很好，将会大大提升用户主动推荐的可能性。

第三，**主 IP 与用户之间的信任关系**。交付结束后，主 IP 如果与用户建立了更深层次的信任关系，也会大大提升用户主动推荐的可能性。

在写作这篇文章的时候，海峰老师带给我莫大的启发。他让我回过头去，问一问愿意为我支付 10 万元的用户：他们究竟从我这里得到了什么？我帮他们解决了哪些痛点？在与他们沟通的时候，所有经历的瞬间——在彼此眼前重现。这给了我更多的思考,也加深了我们彼此之间的信任关系。

此时此刻,我正坐在香港城市大学的学生宿舍里。是的,我又拥有了新的身份——香港城市大学营销学系的博士生。我深信,只有不断拓宽认知边界的人,生命之树才会常青,才会成为高价值IP,赋予用户更大的价值。

恒星闪耀：高客单新个体

用高客单教育服务，守护孩子的成长之路

■ 为什么博士

儿童天赋学习导师

亲鹿鹿联合创始人

数学科学博士、应用神经学硕士

跨国、跨行业连续创业者

目前，家长对教育的理解日益深入，他们在选择孩子的教育路径时，更加倾向于个性化和专业化的方案。这一趋势促成了高客单教育服务的出现，这类服务不仅提供了针对个体的定制化解决方案，而且着重挖掘和培养孩子的天赋及个性。高客单教育服务为孩子提供了更加专业化的教育支持。

物质需求得到较大满足的地区，家长越来越关注孩子的个性化成长和天赋发展。高客单教育服务，尊重并发掘每个孩子的独特性，帮助孩子在愉快和充满自信的环境中实现潜能的最大化。这种服务不仅丰富了教育市场，而且为家庭和孩子带来了更多的可能性。

高客单教育服务的定义与特点

高客单教育服务是一种针对孩子独特需求和天赋而量身打造的教育方式，其核心在于提供个性化、专业化、非标准化的教育方案，促进孩子的全面发展。这种服务因其深度和全面性而有较高的单次交易价格。

个性化：高客单教育服务的核心在于识别和培养每个孩子的特殊天赋和兴趣。量身定制的教育方案，使孩子在一个充满关怀和支持的环境中，自信地挖掘自己的潜能。

专业化：高客单教育服务由经验丰富、知识渊博的教育专家提供。他们不仅能准确评估孩子的能力和需求，还能提供科学和专业的指导，助力孩子全面成长。

非标准化：高客单教育服务强调对孩子个性的尊重和差异化教育，摒弃了传统的"一刀切"教育模式。它鼓励孩子根据自身的节奏和兴趣进行学习，使教育过程更加灵活和多元化。家长和孩子更容易接受这种高度个性化的教育方式。

高客单教育服务成交的核心

高客单成交在一定程度上反映了教育服务质量和教育专业度。一次高额的交易往往意味着家长对教育服务的高度认可和信任。下面，我们将探讨高客单教育服务成交的核心。

1. 精准的市场定位

每个阶段的孩子有着不同的需求，面临不同的挑战，因此，**对教育服务进行精准的定位至关重要**。明确教育服务的目标年龄段、要解决的具体问题、采用的方法以及提供的价值是高客单教育服务吸引付费客户的关键。要想在竞争中脱颖而出，教育机构需要在特定的细分领域深耕，突出差异化优势。

例如，一家专注于提升小学生英语水平的教育机构，它明确针对的是住在北京海淀区、年收入 50 万元以上的家庭，这些家庭的孩子在小学阶段英语成绩不佳，且计划未来到欧美国家留学。通过这种精准的市场定位，该教育机构不仅在众多教育服务机构中脱颖而出，更是直接接触到了有着明确需求和目标的家长。精准的市场定位帮助教育机构更有效地吸引到符合条件的家长，同时也使家长能够更快地找到满足他们具体需求的服务。

2. 高价值的痛点

识别并解决高价值的痛点，要求我们深入理解市场需求，准确识别目标客户群体的痛点所在。根据这些痛点，我们可以制订更加有针深入理解市场需求，准确识别目标客户群体的痛点所在。

对性的营销策略，同时围绕这些痛点发布相关内容。这样在每次与目标客户接触时更有可能吸引他们的注意。

例如，一家专注于提升儿童学习能力的教育机构，通过详细的市场调研和一对一交流，发现许多忙碌的家长倾向于为孩子找到直接且有效的学习解决方案，而不是投入时间去学习相关的教学方法或观看视频课程。基于这一发现，该教育机构在初次接触潜在客户时提供免费的一对一咨询服务。在这些咨询中，教育顾问深入了解并挖掘家长及孩子背后的真实需求，同时让他们体验机构提供的专业服务。这种方法不仅让家长感受到了服务的直接价值，也为教育机构找到了更适合的、更有针对性的解决方案，从而有效提升了成交率。

3. 真正有价值的服务

家长最看重的是教育服务能否在短期内给孩子直接带来实质性的提升，并达到既定目标，要求教育服务机构所提供的每项服务都能为孩子带来真正的价值。展示成功的案例是快速建立信任和吸引客户的有效方式之一。通过展示之前如何帮助孩子成功改变、提升，可以让家长真实、具体地感受到高客单教育服务的效果和价值，从而愿意为高客单教育服务付费。

例如，在"双减"政策的背景下，一家专注儿童潜能开发的机构接触到一位为孩子数学成绩而苦恼的家长。咨询师通过展示三个孩子运用脑科学方法训练，在不进行学科培训和辅导的情况下，数学成绩在两个半月后由不及格提升到在班级排名靠前的成功案例，有效地吸引家长的好奇心，展现了服务的核心价值，从而促成成交。

4. 轻承诺，重兑现

面对对孩子未来寄予厚望的家长，能否兑现承诺是教育服务供求双方建立信任的关键。"轻承诺、重兑现"强调的是，在与家长沟通时尽量避免过分夸大承诺，而在提供实际服务中，应努力超越家长的预期，提供更多价值。

例如，某计算机编程辅导机构在与家长沟通时，只承诺帮助孩子掌握编程的基础知识和培养孩子对编程的兴趣。然而，在实际教学中，老师们采用了寓教于乐的方法，如通过趣味编程项目、互动游戏和实时问题解决，不仅提高了孩子们的编程技能，还增强了他们的逻辑思维、创造力和问题解决能力。课程结束后，每个孩子都收到了一份详尽的学习报告和关于未来学习路径的建议。

家长们看到孩子在计算机编程方面的显著进步以及辅导机构提供的额外服务，感到非常满意和惊喜。这种超出期望的服务质量，不仅赢得了家长的信任和推荐，还为机构吸引了更多的高客单客户和长期合作伙伴。

5. 提供情绪价值

家长和孩子都渴望在教育过程中获得积极、愉快的体验，从而在情感层面上与教育服务提供者建立深刻的联系。这种**以情感为纽带，为客户提供情绪价值的教育服务**，不仅能增强客户的满意度和忠诚度，也有助于教育机构在市场中脱颖而出，实现持续的增长。

例如，某音乐教育机构为了增强与家长、孩子的情感联系，设计了一次以"音乐旅程"为主题的教学课程。在课程开始时，老师会邀请孩子和家长共同创建一个个性化的"音乐旅行箱"，并在每节课开始和结束时，通过一个简短而温馨的仪式，让孩子感受到成长和进步的喜悦。同时，在孩子学习的过程中，老师会及时提供正面的鼓励和认可，使孩子在愉快和自信的氛围中探索音乐的世界。每个月，教育机构会为孩子提供展示学习成果和抒发情感的机会，让家长真切地感受到孩子在音乐方面的成长和收获的快乐，也让家长和孩子共同经历了一段美好的、有意义的音乐旅程。

6. 降低家长的决策风险

家长常常担心购买的教育服务是否真的能帮助孩子取得进步，是否值得信赖，服务本身的价值是否与价格匹配。因此，**降低家长的购买风险是高客单成交的重要前提**。家长能够在没有过多负担的情况下，安心体验和评估教育服务，这不仅增加了高客单成交的可能性，也为教育机构和家长之间建立长期、信任的合作关系打下了基础。这也在一定程度上体现了教育机构对自身教学质量和服务价值的自信，有助于提升教育机构在家长中的信誉和口碑。

例如，一家专注于儿童表达力提升的教育机构为了降低家长的决策风险，推出了"满意才付费"的政策。机构为每位新学员提供三节免费的试听课，让家长和孩子亲身体验教学质量和效果。在试听课结束后，该教育机构邀请家长参与一次详细的反馈与评估会议，共同回顾孩子的学习进展和教学效果。只有在家长对服务满意，看到孩子有明显进步，并愿意继续合作时，才正式开始收费。此外，该教育机构还为家长提供了灵活的退款政策，如果在后续的学习过程中，家长或孩子对课程不满意，可以在规定的时间内申请退款。

7. 提高门槛筛选客户

在竞争激烈的市场环境下，提高门槛进行客户筛选，可以确保吸引到真正有需求、愿意为高质量教育服务付费的家长。精巧的设计，也能帮助教育机构在目标客户群中建立高端、专业的品牌形象。

例如，一家致力于提升孩子阅读能力的教育机构决定通过举办一个主题为"阅读与未来"的高端讲座，来吸引对孩子阅读能力提升有强烈需求的家长。这个讲座邀请了知名教育专家和成功的教育实践者来分享阅读能力对孩子未来发展的重要性以及如何有效地提升孩子的阅读能力。参与讲座的门票定价相对较高，以确保吸引到真正关心和愿意为提高孩子的阅读能力而付费的家长。在讲座现场，该教育机构还为家长提供专属的 VIP 咨询服务，为家长解答关于孩子阅读能力提升的具体问题，并提供一些定制化的解决方案。

结论

高客单教育服务深刻重视教育质量和孩子的需求。这种服务通过个性化、专业化的方法，有效满足了孩子独特的需求，发掘了孩子的天赋，提高了孩子的学习效率。

我们号召家长、教育工作者及机构更多地关注孩子的个性化需求和天赋。通过提供针对性强、价值高的教育服务，更好地保障孩子全面发展，为孩子快乐地成长保驾护航。

恒星闪耀：高客单新个体

高客单高级成交术
——IP故事成交法

■ 夏师姐

知识IP操盘手
线上、线下双线操盘手

很多人只是听完我的故事，就直接给我交了上万元的学费，这里面有什么秘密？

我是夏师姐，一个普通的农村女孩，小时候家里甚至穷得吃不饱饭。

我长相普通、学历普通，唯一不普通的，就是我的经历，我一直随心所欲地活着，做过很多职业：美术老师、品牌设计师、舞者、歌手、中英语主持人、淘宝掌柜、国际青旅老板、IP操盘手……也去过很多地方，跑遍了国内，还去了泰国、柬埔寨、老挝、缅甸、新加坡、日本、俄罗斯、澳大利亚等几十个国家，算是实现了小时候立下的环游世界的梦想。

很多人佩服我的勇气，说我胆子太大。我却说，**世界原本就是一个游乐场，我们活一世，就是要按照自己的心愿过一生。**

读大二时，读品牌设计的我，创办了舞蹈俱乐部，周末到各大城市演出，跑遍了学校周边十几个城市，还做活动评委，和巴乔、郭晶晶、范玮琪等人同台，曾经一周就赚了3万元。

大学毕业后，我揣着5000元做"背包客"，上海、苏州、杭州、北京，玩了个遍，迈出了环球旅行的第一步。

2013年，我在广州开了第一家国际青年旅舍，生意火爆，却被邻居投诉，无奈转战到惠州，继续从事青旅事业，还曾因生意火爆登上了《惠州日报》。

2015年，我和朋友筹备开培训班，正准备大干一场时，旅舍接连发生各种事故，前男友也提出分手。慌乱中，我低价转让旅馆，准备一起开培训班的合伙人，也与我中止了合作。

我飞往印度尼西亚散心，飞机刚落地就收到通知，我因旅舍合同纠纷被告上法庭。被分手、被告、欠债，我的人生瞬间跌到谷底。

身边的朋友，大多结婚生子，生活稳定，有房有车，而我却两手

恒星闪耀：高客单新个体

空空，一大堆官司要打。难道我真的错了吗？是就此认输，找一个男人结婚，再找一个"铁饭碗"，回归平庸？还是继续追梦，恣意畅快地活？

我问了自己一个问题：如果明天我就会死，人生最大的遗憾是什么？答案一定是我没有按照自己的心意去生活。瞬间，我有了答案。

很快，我收到了邮轮公司请我去做娱乐主持的邀请。我果断处理掉国内的一切事务，开启邮轮之旅。我登上比"泰坦尼克号"大3倍的六星级邮轮，和70多个国家的人一起工作，我随邮轮到访各个国度，像生活在一个完全不同的奇妙世界。我一边做着本职工作，一边在线上创业卖产品，我很享受这样的生活，还遇见了英国男友。

2017年我休假回国，一个"90后"文案老师想和我共同开发课程，我提出主题"每日3条朋友圈，月入过万元"，她很认可。但休完假，我又忍不住上了邮轮，开发课程的事就此搁置。一年后，我得知她年收入达千万元，这事对我的冲击很大。原来，站在风口上，干1年是可以顶10年的！

2019年，我辞职，去了英国。我在小红书小试牛刀，发了几条图文和视频，有的成了爆款，我开始免费带几十个人做自媒体。

2020年5月，意识到自媒体是接下来的风口，我在英国创立师姐团，想和更多人互帮互助，携手共赢。2020年6月，我在微信视频号发布第一个产品，当晚变现超过1万元，越来越多人找到我付费学习，第二个月我的收入达到5万元！很多平台邀请我去讲课，几个出版社邀请我出书，一些知名自媒体也来付费听我讲课……

2021年初，我通过微信视频号直播发售，1个多月招了50多名天使合伙人，收费一百多万元，现在师姐团总共有上万名学员，遍布全球近 20 个国家。

为提高自己的专业能力，我付费近百万元学习，边学边教，边教边练，毫无保留地在师姐团分享，很快，一些学员也拿到了结果。2022 年，师姐团全面开花，团队运营了 10 个电商号，有的月销售额达百万元。

2023 年，我和有 15 年经验的会销操盘手张增老师合作，推出壹亿 IP——双线操盘私塾。线上通过视频号私域发售，助力 IP 快速批量招生，再通过线下会销做交付和升级高客单价。仅用了几个月，我们就签了 5 个 IP，营收达 7 位数，并且长期捆绑合作。

2024 年，我的目标是培养千名双线操盘手，深度操盘 10 个 IP，实现年入千万元，总业绩达到"一个小目标"！

前半生，我已经实现了自己的梦想——环游世界、唱歌、跳舞、画画、主持……我也领悟到了自由的真谛，自由不仅是环游世界和随心所欲，而是拥有更多选择的权利！

未来 10 年，我的使命是用高端品牌思维打造知识 IP，培养万名优秀的双线操盘手，助力知识 IP 更高价、更卓越，让优秀的 IP 被全世界看见！

达成目标后，我就会全球旅居，一边旅行，一边为 IP 和创业者赋能，为梦想而活！

感谢你耐心看完我的故事，你看完之后的第一感觉是什么？

很多人对我说："你的人生好像我的几辈子，很多我想做的事你都做了，我想和你交个朋友。"

当时，我招募合伙人，有很多人第一次看我直播就直接付费。我在直播间讲了我一部分的追逐梦想的故事。很多人说：课程不是最重要的，重要的是他们想和我交个朋友，向我靠近，学习我的长处。

自由不仅是环游世界和随心所欲,而是拥有更多选择的权利!

这是 IP 故事成交法！

无论是在直播间"带货"，还是做线下销售，想做高客单，一定不能缺少的就是讲故事的能力。

2023 年 11 月，伊能静在直播间"带货"的视频在各大平台疯狂传播，讲好故事就是她"带货"的秘籍。

比如，她介绍香薰，先展开她对人生的感悟，在天文馆里，她看见星空在眼前徐徐展现，她突然感悟，她的人生如果在这里停止，她是没有遗憾的。她有很棒的人生，很棒的家庭，她从童年的孤独里走来，也遇到了包容她的公公、婆婆。

香薰让她开始感悟生活的味道，邂逅从前的那个小女孩，她被香薰感动，而观看直播的人们被伊能静感动……

这是一个"逆袭"故事，这个故事让很多人看到了伊能静一路走来的艰辛和坚强，他们被感动，进而下单购买那款香薰产品。

你的创业故事、你与客户的故事、你与产品结缘的故事，把这些故事整理好、用好，就能促成成交。

学会讲故事、讲好故事，是高客单高级成交术，你同意吗？

但是，我提醒一句，故事一定得是真实的。**因为真实的好故事，才能深入人心。**

三流的销售卖产品，一流的销售卖自己。在个人 IP 时代，营销好自己，就能抵过千军万马。

恒星闪耀：高客单新个体

为什么高客单成交是所有创业者最关心的事？

■ 杨伟娜

幸福范商业教育创始人
高客单成交教练
私域变现操盘手

你好，我是杨伟娜，一名商业变现导师、高端客户成交教练，致力于帮助创业 IP 轻松成交高客单。

经过 14 年创业，我从一个月收入 2000 元的小镇女孩，成为为上百个公司和团队提供培训，赋能上万名学员的高客单成交导师。

经历了创业的起伏、成交的迷茫，从成天背销售话术的销售新人，到成为高客单成交的销售冠军，一路走来，我发现是事业的持续成长，成就了今天的我。

从艰辛创业到年营收额达千万元，我做对了什么？

创业到底为了什么？为了名利、钱财，还是影响力？对我来说，创业源于对自由的向往，更是为了在社会上立足。

大学毕业后，为了留在杭州，我放弃了一家全国知名化妆品公司的安稳工作，下定决心"裸辞"创业。

被拒绝无数次之后，我意识到，使用最笨、最原始的方法开拓市场，效果是不会太好的。

只有不断学习，才能加速个人成长。于是，我报名学习怎么成交，不到一个月的时间，我的销售成交金额就稳步上升，高峰时，我的客单价甚至突破了 36 万元。

这让我更加坚信，**找对老师，付费学习，把学到的知识转化成行动，可以改变我的命运**。于是，拜名师、换圈子、结交新的朋友，成了我生活中非常重要的事情。

在这个过程中，我的收入开始呈 10 倍、30 倍地增长，团队也从 1 个人到 20 个人，再到上百人。与此同时，我的商业版图加速扩张，创业源于对自由的向往,更是为了在社会上立足。

从 2013 年开始，我每年营收额破千万元，每年都能带着团队出国游，每年到全国各地做千人大会创业经验分享。

高客单成交，让我和学员们走出了一条逆袭之路

2020 年起，我开始做自媒体、直播，觉得线下培训和线上培训，应该差不多吧。

但事实却完全不是这样的，做社群不懂运营节奏，做直播不知如何承接流量，看着别人都在卖 99 元、199 元的课程，我被迫把线下几万元的课程降价到一两百元来卖。

那时候，我招了很多人，结果却是不断地垫钱，商业之路寸步难行。

骨子里的不服输，让我想要从跌倒的地方爬起来。我相信以我的能力和认知，只要不停止学习，挫败只是暂时的，成功终将属于我。

接连投入几十万元向老师学习请教之后，我一步步找到了问题所在：

不懂商业的顶层设计，没有成交闭环；

总随大流做低客单，没有高客单的产品，流失了很多高端客户；

个人品牌定位不够精准，什么都想教给学员，结果产品做得太宽泛、不聚焦。

我要找到那个我最擅长的，同时能解决别人问题的点。我一次次梳理，有了思路和答案。

每次和学员沟通，我都会让他们先问自己这几个问题：

你擅长做低客单,还是高客单?低客单看起来好卖,前提是流量大,才能卖得多,你的流量如何?想做高客单,那你的专业能力可以帮助高客单客户拿到结果吗?

你目前的个人品牌便于变现吗?你有高客单产品吗?你和高客单客户成交容易吗?

你的硬实力、软实力能支持你的事业向上发展吗?如果没有,你将采取什么行动呢?

如果学员对以上问题的答案不清楚,我会把自己开创的高客单成交方法传授给他,这套实现高客单成交的方法,分为六大部分。

我有一个博主朋友,她的短视频做得很好,在全网有几十万名粉丝。她非常羡慕我的变现能力,尤其是高客单成交的能力,自己却无从下手。

我帮她做了一次商业诊断:她的定位是教职场人做副业,产品是教人写短视频文案,售价为几百元,未来规划是推出一些教短视频剪辑和拍摄的课程,来积累客户。这样的商业路径,显然不利于高客单成交。之后,我用高客单成交方法帮她重新梳理。

1. 高势能定位

定位决定地位。她的定位是教职场人做副业,职场人的收入是有限的,他们可能愿意来学一些基础技能,但不一定愿意付费学习。所以这个定位不利于她变现。我建议她将定位调整为商业 IP 导师,客户群侧重于自媒体人士,以及要做线上公域和私域创业的老板。

2. 高度专业的产品

她的学历高,专业能力非常强,欠缺的是把专业变成产品。产品一定要满足用户的需求。作为一个拥有几十万名粉丝的博主，别人想从她这里学到什么？不是写文案，而是如何拥有这么大的流量，来吸引粉丝成交。

她教人写短视频的文案产品，既无法清晰地反映她的核心价值，也无法吸引高端客户。我协助她设计新的产品，包括每人收费几千元的短视频掘金训练营、1万元的线下课和5万元的季度私教班。同时，帮她做好每一个产品的卖点提炼，尽量做到别人一看海报就愿意付款。

3. 筛选高端客户

高端客户不是培养出来的，而是筛选出来的。

我告诉她：不是有客户来，你就提供服务，而是你要筛选出认同你、和你价值观相匹配的客户。这样的客户，他有实力，有付费能力，只要你帮他高效解决问题，他就愿意配合你，也愿意复购你的产品并且持续转介绍。

对高端客户，要增加一对一的咨询，同时给他的团队提供一定的服务，帮他解决后顾之忧。

4. 高维成交

无高维，不成交。

成交一定要有高维意识。如何理解？低维的成交是在朋友圈发广告、建社群。看似忙忙碌碌，却无章法。像她那样时断时续地拍短视频，这样的方式注定难变现。

但高维的成交有一整套打法，涉及从公域引流到私域、输出"干货"内容和发售产品。我建议她在公域直播，拍短视频建立目标客户对她的信任，然后引流到私域。接下来一对一与其私聊，加深目标客户对她的了解。再进入社群，上公开课，在公开课中卖产品。

5. 高阶美学能量

现在是一个审美和文化至上的时代。**美，是看得见的竞争力**。

我们在和高端客户交流时，我们的外在形象、内在气场，身心传递出的能量、智慧都是能吸引客户的重要因素。我告诉她：让客户觉得靠近你，就能获得他想要的品质生活，才会认同你和你的产品。

6. 高客单教练

教练，必须具备指导客户、团队的能力。

作为一个商业 IP，第一阶段是自己做 IP 变现，取得一定的成绩。第二阶段是带领学员也取得一定的成绩，为学员提供顾问式咨询、带领学员设计方案、优化流程。

经过我的指点，这位商业 IP 明确了定位和目标，三个月下来，自己变现成功，还把这套方法带给更多的学员，迅速帮助很多学员创业。

总 结

创业者最宝贵的是时间，最欠缺的是高端客户，最需要的是高客单成交方法，为此，我创立了幸福范商业教育咨询平台。帮助创业者拥有幸福商业、有范人生是我未来的目标和使命。在高客单成交的路上，我愿全力支持你、托举你、陪伴你！期待你的到来！

作为一名服装搭配师，我致力于为世界带来时尚

■ 张天骋

天空时尚美学创始人
资深明星服装造型顾问
个人品牌商业领袖

恒星闪耀：高客单新个体

梦想的萌芽与坚持

我出生于中国西北的一个宁静小镇，那是一个充满色彩和生活气息的地方，街道上的每一个角落都是艺术与自然美的融合。从小对色彩和形状极为敏感的我，被这些细节深深吸引。

在小镇的日子里，我对美术产生了浓厚的兴趣，常常沉浸于画画和观察街头时尚。那时，我对时尚的理解还很简单——它是色彩、布料和线条的魔法，能够转换和表达一个人的风格和情感。

随着时间的推移，这份对美的热爱引领我进入设计专业学习。大学时代是我开阔视野的关键时期，我不仅学到了设计技能，更重要的是，我开始理解时尚不仅是外在的装扮，更是一种对生活态度和个性的展现。我开始尝试将自己对色彩和布料的敏感融入实际的设计中。**尽管起初这些作品还很稚嫩，但每一次的尝试都让我对时尚有了更深的理解和热爱。**

大学还没毕业，我就带着对时尚的无限憧憬和热情，前往中国的时尚中心——北京。在北京，我的职业生涯从做一名时尚杂志助理开始。那是一段充满挑战和机遇的时期。作为一名初出茅庐的助理，我面对的是长时间的工作和微薄的收入，月工资 1500 元，房租每月 3600 元。这与我心中对光鲜亮丽的时尚的憧憬形成了鲜明对比。然而，我并没有被现实所打败，相反，我更加努力地工作，坚信这些经历将成为我通往梦想的阶梯。

在时尚杂志社工作的日子里，我接触到了时尚行业的多个方面，从基础的服装搭配到与摄影师、化妆师、模特的合作。每一次工作都是一个全新的学习机会，我不仅学会了如何在规定的日期内保持创造力,还学会了如何在有限的资源下创作出美丽的作品。

这段经历对我来说是宝贵的,它不仅锻炼了我的专业技能,更重要的是,让我学会了在逆境中找寻机会,坚持自己的梦想和热情。我不仅在职业上得到了成长,在个人层面上也得到了发展。我开始更加深入地研究时尚行业,包括探索不同风格、跟踪新兴趋势以及分析行业动态。我积极参加各种研讨会和展览,与行业内的其他专业人士交流,不断拓宽我的视野和知识面。

突破与转变——职业的嬗变

随着经验的积累,我开始承担更多工作,我不仅参与了多个重大的时尚项目,还开始独立负责一些明星客户的穿着搭配。这些经历,如同职业生涯中的加速器,迅速提升了我的专业能力和行业地位。与明星的合作经历使我意识到,要在时尚界崭露头角,我需要有独到的视角和创新思维。我开始摒弃传统的搭配方法,尝试根据每位明星的个性、身材特点以及他们所要传递的信息进行定制化搭配。我不依赖于化妆或过分装饰,而是通过服饰的剪裁、颜色的搭配和配饰的巧妙运用来展现每位明星的独特魅力。这种方法不仅为我赢得了客户的赞誉,也让我的作品脱颖而出。

随着一次又一次成功地为明星搭配衣着,我逐渐在时尚界小有名气。我开始收到越来越多的合作邀请,不仅限于为明星客户服务,还包括时尚品牌和重要活动的造型设计。**每一次的成功合作都是对我的能力的肯定,也是对我的风格和理念的认可**。我逐渐从一名普通的搭配师成长为一名在时尚界有一定影响力的造型专家。

在为明星客户提供搭配服务的过程中,我面临着诸多挑战。每一

恒星闪耀：高客单新个体

位明星都有其独特的个性和风格，他们对于时尚的要求也各有不同。为了满足他们的需求，我需要深入了解他们的个人品位，同时要紧跟时尚潮流，创造出既符合明星个人风格、又能引领时尚潮流的造型。这不仅考验我的专业知识和创新能力，更考验我对时尚的敏锐洞察力。

在我的职业生涯中，我始终坚持一个原则：不盲目追随流行，而是创造个性化的时尚。我相信真正的时尚不应该是模仿和复制，而是个性和自我表达的展现。这种思维方式使我在为客户提供搭配服务时，更加注重他们的个人特色和舒适感，而不是仅仅追求时尚杂志上的流行标准。

随着时间的推移，我的收入从刚入行时的月入 4 位数增长到月入 7 位数，我的明星客户也逐渐增加，包括李治廷、郭采洁、钟欣潼、黄觉、宋茜、刘璇、刘琳、陈楚生、容祖儿、隔壁老樊、黄奕、魏大勋、宋妍霏、柳岩等等。我做过的成功案例巩固了我的行业地位，为我赢得了"明星搭配师"的美誉。

尽管在搭配领域取得了一定的成就，但我始终保持着谦逊和自我反思的态度。我明白，在时尚界，唯有不断学习和进步，才能持续保持竞争力。我不断地探索新的设计理念和搭配技巧，参与各种研讨会和时尚活动，与业内同行交流心得。不断的学习和实践不仅让我保持了对时尚的新鲜感，也帮助我不断提升自己的专业技能。随着我的名声在时尚界不断提升，我接触到更多元和广泛的领域。我的工作不再局限于杂志和个人客户，也包括为中央电视台、各类明星的线下商务活动、电视广告、各档综艺节目、电影和电视剧等提供造型。这些新的挑战为我提供了展示创造力和专业能力的广阔舞台。

这一系列的经历和挑战使我从一个专注于时尚和个人搭配的造型

不盲目追随流行,而是创造个性化的时尚。

师，成长为一个在多元领域中游刃有余的时尚专家。我不再局限于单一领域，成功跨越多个行业，将时尚的魅力带入了更广泛的领域。这个过程中的每一次成功都让我更加坚信，只要有激情和创新，就能在时尚界留下自己独特的印记。

我的理念实践与未来展望

在与国内外 300 多位明星的合作中，我学会了如何将个性化和时尚趋势完美结合。每一位明星都有他们独特的个性和风格，我的工作是通过服装搭配来进行强调和呈现。同时，服务 2000 多位普通客户的经历使我意识到，时尚不应只属于明星和公众人物，每个人都有权展示自己的风格和个性。我努力将我的专业知识和经验运用到为普通人服务的过程中，帮助他们找到自己的时尚语言。

在个人职业发展的同时，我也热衷于分享知识和经验，培养新的时尚搭配人才。通过指导和培训 1000 多位搭配师，我传递了自己的理念和技能。这些新人才的成长和成功，令我特别有成就感，它证明了我的知识和经验能够启发和帮助他人成长。

作为百度时尚穿搭类综艺节目《我的漂亮姐姐》的搭配导师，我有机会将我的时尚理念和经验传递给更多的观众。在节目中，我不仅提供专业的搭配建议，还鼓励参与者找到并展示自己的独特风格。而作为深圳卫视节目《你好，来了》的嘉宾，我有机会与观众分享我在时尚界的经历和见解，激发更多人关注时尚。

在经历了北京六年的职业生涯之后，我选择在成都这座充满活力和文化多样性的城市落户，并在此创立了自己的时尚公司。这个决定不仅是地理位置的转变，更是职业发展的重大跨越。成都的文化氛围和开放性为我提供了新的灵感和机遇。在这里，我不仅继续为客户提供定制化的服装搭配服务，还拓展了业务范围，涉足品牌合作和时尚咨询等领域。

我的公司不单是一个提供时尚服务的商业机构，更是一个汇集创意和梦想的孵化器。在这里，我致力于打造一个平台，让喜爱时尚的人们可以交流想法，共同实现梦想。通过组织各种活动和研讨会，我希望能激发更多人对时尚的热情，同时也为时尚行业培养新的人才。

展望未来，我的目标是继续在时尚领域中探索新的道路。我计划通过不断的创新和实践，将时尚的影响力扩展到更多的人群和领域中。我将继续关注时尚趋势的变化，同时坚持我的独特视角，将个人风格和市场需求完美融合。

除了传统的时尚服务，我还计划利用社交媒体和线上平台分享我的时尚知识和经验。通过开设在线课程和研讨会，我希望能够触及更广泛的受众，激励他们追寻个人的时尚梦想。这不仅能够扩大我的个人品牌影响力，也能为时尚界带来新的活力和创意。

回顾过去，我为自己在时尚界走过的每一步感到自豪。从一个小镇青年美术爱好者到一名在行业内有影响力的服装搭配师，我的每一次尝试和努力都为我今天的成就奠定了基础。

在未来的日子里，我将继续追求卓越，不断挑战自我，用我的专业知识和热情为这个世界带来更多的时尚和美丽。

恒星闪耀：高客单新个体

独特价值是高客单成交的利器

■ 张秀清

管理教练创始人
赢商战略顶层设计架构师
赢商私董会主理人

什么是"独特价值"?

在苹果笔记本电脑首次发布之前,当时市面上的笔记本电脑,普遍的特点是重、厚、慢、耗电。

2008 年,乔布斯在苹果产品发布会上,从档案袋里掏出了 MacBook Air。向观众展示了苹果笔记本电脑的特性:更轻、更薄、更快、更省电。

这就是苹果笔记本电脑的独特价值,它吸引了全场目光,引发了购买热潮。

独特价值有两层含义:

第一,**"独特"**。只有你有,你的同行都没有。

第二,**"价值"**。你的"独特"能为消费者带来的"价值"。

在多年深度服务企业的过程中,我发现:很多企业有很好的产品,甚至可以说是有极致的好产品,但是,由于没有提炼出产品独特价值,客户对产品的独特价值缺乏认知,很多企业失去了核心竞争力。

如何提炼"独特价值"?

可能是"灯下黑"的缘故,我发现很多企业不知道自己的产品的独特价值是什么,也不知道怎样将产品的独特价值提炼出来。

接下来我将重点分享独特价值的提炼模式。

这个模式是我在为近百家企业深度服务的过程中,总结和提炼出来的,它分为两个 W。

第一个 W 代表 Who，指目标客户是谁。

"目标客户是谁"的意思是要为谁创造价值。

第二个 W 代表 What，分为五个问题：

目标客户关注的焦点是什么？

目标客户想要的结果是什么？

提供的产品是什么？

产品的独特价值是什么？

想让目标客户深刻记忆的是什么？

现在，我通过一个案例，解析如何提炼独特价值。

A 公司有一款减肥产品。这款产品能帮助目标客户有效减重，效果还不错。他们采用微商销售，很多团队长都是产品的受益者，A 公司确信这款产品能帮到很多人健康而有效地减肥。

我了解了 A 公司的产品及历史后，也用精准画像，帮助 A 公司找到了目标客户——超重肥胖者。

接下来，我用五步帮 A 公司提炼产品的独特价值。

第一步，确定超重肥胖者关注什么。

超重肥胖者通常会关注以下七个方面：

要不要节食？

会不会厌食？

会不会腹泻？

会不会乏力？

会不会反弹？

价格贵不贵？

坚持易不易？

第二步，梳理超重肥胖者期望得到的结果是什么。

他们期望得到的是不节食、不厌食、不腹泻、不乏力、不反弹、价格低、易坚持的减肥产品，进而成功减重瘦身。

在这七个诉求中，大部分减肥产品都能满足 3~6 个，唯独一个诉求，其他同类公司的产品都不能完全满足。

这一个诉求就是"不反弹"。

第三步，确定 A 公司提供的产品是什么。

这个问题看上去好像很简单。经过大量的测试，我发现，很多企业的销售人员都回答不上来。

在 A 公司，我问道："你们为客户提供的产品是什么？"得到的回答是："×××减肥产品。"

这类产品，市面上有很多，自然无法吸引目标客户的注意。

经过梳理提炼，我把 A 公司提供的"×××减肥产品"升级为"瘦身解决方案"。

这个方案还包含七项具体服务：

查症溯源；

精准配穴；

穴位敷贴；

顾问陪伴；

自我监测；

数据分析；

动态数据监测（App）。

第四步，总结产品的独特价值。

大多数超重肥胖者的减肥过程，都是兴高采烈地开始，止于屡次反弹。最后，他们身心疲惫，不想再做尝试。

恒星闪耀：高客单新个体

A 公司已经有了几年的历史，也有近 20 万名客户。客户的普遍反馈还是很不错的。但是，在分析这些成功案例的时候，我发现绝大多数客户从开始了解到真正成交，用了半年、一年甚至两年的时间。

这是因为 A 公司的产品能真正帮助客户健康瘦身、不反弹，而证明"不反弹"是需要时间的，客户相信"不反弹"，才会购买。

"不反弹"就是 A 公司产品的独特价值。

第五步，提炼目标客户的深刻记忆点。

如果不能让目标客户形成深刻记忆，会有以下情形出现：

第一，后续无法形成口碑传播。

第二，目标客户不容易快速决策。

第三，产品价值与认知价值不容易同步。

为了让客户形成深刻记忆，在深度梳理中，我们提炼了一句话，作为 A 公司产品的独特价值："轻松瘦身不反弹，一次瘦到终点站。"

这句话中能让客户深刻记忆的是：

瘦身可以很轻松；

瘦身可以不反弹；

瘦身可以一次成功，不需要再使用其他的瘦身方案了。

我提炼的独特价值，获得了非常好的反馈，A 公司的人员说在销售减肥产品时，成交速度快、成交客单高。

大家都深刻认识到：

客户要的不是产品，而是产品带来的结果；

客户要的不是方案，而是方案带来的价值。

客户要的不是产品,而是产品带来的结果;客户要的不是方案,而是方案带来的价值。

结语

关于独特价值,我还有几点补充:

(1)独特价值是提升转换率的利器。

(2)独特价值是产品的核心竞争力。

(3)独特价值要与目标客户的关注焦点紧密关联。

(4)让独特价值成为目标客户的"刚需"。

(5)要旗帜鲜明地宣传独特价值。

(6)独特价值必须是真实的。

(7)永远相信,你的产品及服务一定有独特价值。

(8)永远与时俱进更新独特价值。

提炼独特价值最重要的是要保持三个"来"。

"静下来":让自己的心静下来,让自己的内心完全不受干扰。

"慢下来":让自己的思维慢下来,摒弃惯性,慢慢地思考。

"全起来":判断要避免以点带面、以偏概全,不要出现头痛医头、脚痛医脚的状况。

恒星闪耀：高客单新个体

心理咨询师教你提升幸福感

■ 雪珍

心理咨询师
温暖心坊联合创始人
幸福之路的探索者和践行者

恒星闪耀：高客单新个体

大家好，我今天想跟大家分享如何提升幸福感。

我叫珍珍，是国家三级心理咨询师。近十年深度系统地学习了中国本土的心理学流派的意象对话和回归疗法，让我个人的幸福指数提升了不少。

我之前好像对赚钱很感兴趣，但一直赚不到钱。在学习了意象对话和回归疗法以后，才知道原来在我的内心深处有一个信念：赚钱是很难的，我是赚不到钱的。我曾经错失了一些赚钱的机会，因为我的潜意识会用各种方法把这些机会推开。后来我有所调整，也赚到了一些钱。我发现不只是我，其实很多人赚不到钱，跟我们的潜意识深处的一些情结有关系。这就是我们通常说的金钱卡点或者财富卡点。

有些人潜意识里认为钱是罪恶，是肮脏的，他认为自己很想赚钱，但是他潜意识里是抗拒赚钱的；有些人认为有了钱就会有负担，所以他宁肯少赚……

而这些卡点都可以通过专业心理咨询解决。

我经过成长，知道了我的卡点并且有所突破，也赚到了一些钱。但我也明白我想赚钱，其实是因为我内心有匮乏感。**当我的匮乏感缓解了一些以后，我感觉自己的生命质量提升了，想赚钱的欲望也没那么强烈了，自己也没那么焦虑了。**

有一天我在站桩的时候，突然问自己："幸福，什么是幸福？"我想去讲幸福的话题。这个念头冒出来的时候，我非常确定这就是我想做的事情。

什么是幸福？你觉得什么是幸福？

有人说，赚很多很多钱就是幸福；有人说，我能睡到自然醒就是幸福；有人说，幸福是一种能力；有人说，小的时候只要给我一颗糖，我就会很快乐，我就会觉得很幸福。

清楚什么是幸福，我们才能真正得到幸福，不然，我们会常常付出很大的努力，却离幸福越来越远。

我想说，幸福其实是一种感觉，是一种人的主观感受。它没有一个客观的衡量标准。这种感觉是持续的、稳定的、长期的，它可以持续半年甚至几年。

幸福跟快乐和快感不同。快感通常是指躯体层面的，通常维持时间是几秒钟到几分钟。快乐通常是指情绪层面的，它能持续几分钟到几天，很少能有一种快乐能够持续一周以上。而幸福是精神层面的感受。

幸福具体包含以下五个维度：**安定感**，就是稳定的安全感；**温暖感**；**富足感**；**意义感**；**自在感**。一个人在这五个维度的得分都高时，他的幸福感一定很高，反之幸福感则低。

我们先来说一说安定感。如果一个人处在战争时期，在生命安全都无法得到保证的时候，或者受到各种迫害的时候，他的幸福感肯定是不高的。

虽然我们幸运地出生在和平年代，在经济高速发展的年代，生命没有受到威胁，但是其实有很多人并没有安定感。这是为什么呢？这和我们的母亲有关。如果母亲的情绪非常稳定，那孩子的安定感就会很好，才会有幸福感。

我有一个学员叫小A。小A从小到大，没有经历过什么不好的事情，但是他一直没有幸福感。他意识到自己很焦虑，但是不知道为什么焦虑，甚至整个身体都是紧绷的，晚上睡觉牙齿都是咬紧的。后来在一次很深的体验中，他才意识到他这一辈子都在害怕一件事情，那就是害怕母亲的情绪突然失控，他会因此受到牵连。因为在他很小的时候，母亲的情绪不太好，但是对于那时的他来说，母亲就是他的幸福其实是一种感觉，是一种人的主观感受。

全部，母亲的情绪突然失控，他的世界就坍塌了，他同时也被炸得魂飞魄散，在他潜意识很深的地方，他时时刻刻害怕这种失控。所以，他的躯体时时刻刻收得很紧。经过我的疏解，他的安定感多了很多，相信他的幸福指数也提升一大截。

温暖感是幸福感很重要的一个维度。为什么很多人会错误地把快乐的情绪误认为幸福呢？**因为快乐和幸福有一个共同点，就是这种感受都是温暖的，让人舒服的。**

我们一般什么时候会感觉到温暖呢？当然就是我们感受到爱的时候。如果一个人从小就被爱着，那么他的幸福指数就会高。如果一个人从小没怎么被爱过，或者说他被冷漠地对待，那么他的心里就是冰凉的。在我的意象对话的体验者当中，没有温暖感的来访者通常的意象里到处都是冰天雪地。当我们说到心寒的时候，就是可能被无情地对待的时候，当我们感受到被爱着的时候，我们的心是暖暖的。

并不是有钱或有权就能获得幸福。为什么很多人认为有钱了或者有权了，就会幸福呢？其实误把有权、有钱等同于幸福的人，往往欲壑难平，当他们拥有了一定的财富后，就会追求更多的财富，有了一定的权力，就会追求更大的权力。这样就会离幸福越来越远。

财富和权力对幸福有没有影响？我想说是有一定的影响的。当我们吃不饱、穿不暖、露宿街头的时候，幸福指数肯定是不高的。但是当我们能吃饱穿暖，有房子住，再去一味地追求财富和权力，那这个时候我们其实离幸福也越来越远了。

意义感是指"我做这件事是有意义的"的。意义感往往和我们内心的心愿关联，无意义感通常与发现自己做的事没有意义和自己的心愿没有实现有关。比如一个人希望被父母认可，于是努力赚钱，给父母买豪宅，请保姆，给父母花不完的钱。有一天，他发现即使他成了世界首富，也得不到父母的认可。这时，他就会产生无意义感。

又比如一个女人想得到一个男人的爱，于是她努力扮演他喜欢的样子，后来他们结婚了。有一天女人发现男人爱的不是真正的她，而是她扮演的他心目中理想的样子。这时女人会觉得她之前所做的一切甚至这场婚姻都是无意义的。

著名的北大心理学教授徐凯文指出空心病的一个重要感受就是无意义感。很多名校的优秀高才生，从小就是大家羡慕的"别人家的孩子"，成长过程中也没有受过什么创伤，他们生活优渥，却感到内心空洞，找不到自己真正想要的，就像茫茫大海上的一座孤岛一样，感觉不到生命的意义和活着的动力。

在体验到意义感的时候，人的内心是充实的、丰满的、光明的。

当我们温暖感、富足感、安定感、意义感的分数都达到 80 分以上时，那么自在感也会很好。我们的幸福感也就比一般人高很多。

以前经常听到有人说幸福就是我想做什么就做什么，也有人说幸福不是我想做什么就做什么，而是我不想做什么就不做什么。但我想说的是，想做什么或不做什么不是幸福。幸福是更高的精神层面的自在感。走在有幸福感的人身边，我们能感受到那种满满的幸福和爱。这也是我一直向往的状态。

那么怎么样才能提升我们的幸福感呢？

其实就是要回到我们自己的内心，明确我们真正想要什么。提升幸福感是有具体的操作方法和工具的。意象对话和回归疗法是两个非常好用的心理成长工具。

意象对话可以帮我们看清我们的内心，它通过对话的方式让我们拥有更多的心理能量。当我们的心理能量越多，我们就活得越自在，别人看着我们，也会觉得越舒服，越想亲近我们，我们就会越幸福。

回归疗法，就像我们人生的一个指南针。比如在婚姻关系中，回归疗法教你怎么去建设性表达和沟通，怎么不伤感情。它可以让你看清楚在这段关系中，你付出了什么、获得了什么、这段关系是不是你真正想要的。当你看清楚原来这段关系并不是你想要的的时候，你就可以放下它去追求自己真正想要的；如果你看清了这段关系是你想要的，那你就会在这段关系中更加坚定，更加安定，更加有意义感。

谢谢你看到这里，祝你越来越幸福。

如果你想了解自己并提升幸福指数，欢迎联系我。

恒星闪耀：高客单新个体

与其被定义，不如自定义——寻找理想中的自己，是人生的修行

■ 竹莉

高端护肤私人顾问

私域电商 IP 商业顾问

长居德国，去过 25 个国家

我是竹莉，微信名是芒果粒粒，一位高端护肤私人顾问。我曾深入德国学术精英的殿堂，也曾在互联网社交电商崛起的时代崭露头角。回首过去的十年，我经历了三次大转型，在每个领域我都靠自己的努力取得了不错的成绩，却在明明可以"躺赢"的情况下，勇敢地走出舒适圈去寻找人生新的意义。

我要为你讲述一个普通小镇女孩的真实成长故事，邀你与我一起开启一次寻找自我与探索人生价值的旅行。

从做学术精英到探索新方向：重新定义人生目标

我出生在一个小城市的普通家庭，父母都是知识分子。从小到大，我就是亲友眼中的"学霸"，老师眼里的好学生。但这只是表象，我表面上是好学生、班干部，骨子里却很叛逆。原本只需要正常发挥就能考上清华大学、北京大学的我，在高考时却发挥失常，语文没有及格。好在我的总成绩依然可以进入复旦大学、中国人民大学等名校。填报志愿时，我陷入了深深的迷茫，我不知道自己想学什么，于是听从家人建议选择了北京外国语大学德语系，我的成绩是那一届北外在辽宁录取的第一名。然而进入大学的第一年，我就发现自己学德语没有什么天赋，但是没有勇气转专业，于是就这样浑浑噩噩地耗了四年。

大学毕业后，我在大众汽车（大连）HR部门工作了几个月。我很快发现在公司上班不是我想要的，那时我只有一个想法，世界这么大，我想去看看。于是我拒绝了集团领导的多次挽留，毅然选择了到德国哥廷根大学读研，成为季羡林等诸多优秀华人的校友，也终于实现了我的留学梦。

恒星闪耀：高客单新个体

读研期间，我在同期同学中脱颖而出，比其他的德国同学还要提前半年完成硕士答辩。作为那一届硕士研究生里第一个毕业的学生，我得到了硕士论文导师的欣赏，一毕业就被她聘用，成为两个欧盟顶级项目的德语教材编者。同时，我被德国权威机构——对外德语专业协会聘请为德国大学入学德语考试（DSH）的审核监督官。工作之余，我申请了马尔堡大学的博士生，并被顺利录取。读博期间，我在德国多本杂志上发表了学术文章，并受北京歌德学院的邀请出版了一本译著。我的突出表现让多所985、211高校惊艳，有的学校甚至愿意在我完成博士论文答辩前破格提前录用我为德语老师。

本来我只需要按部就班地走下去就会有不错的未来，然而我却陷入了迷茫。按照规划的路走下去，一辈子做学术研究真的是我想要的吗？我第一次认真地问自己，我热爱的到底是什么？

从电商到投资：一个勇于尝试和改变的连续创业者

2015年冬天，我迎来了人生拐点。在互联网电商崛起的时代，一个偶然的机会让我接触到了一个护肤品品牌，并且开始在朋友圈做推荐。我的选品能力和真诚的态度很快得到了大家的认可，越来越多的人把我推荐给身边的朋友，越来越多的品牌和同行找我合作。我不顾家人和好友们的反对与质疑，毅然辞职，离开了学术圈，投入到了自己的新事业中。那时候我就有了在朋友圈打造个人品牌的意识，非常注重自己的口碑和专业度。越来越多的客户找我合作，我动了"当老板"的念头。没多久，我在德国成立了自己的公司，组建了自己的小团队，干得风风火火。

那时，我上午写博士论文，下午忙自己的生意，通宵达旦地工作，基本全年无休。这次转型让我找到了自己的热情和兴趣，感觉对了，一切都对了。我不怕辛苦，半分钟都不愿意浪费。特别是生了孩子以后，有两年的时间，我白天一个人边带孩子边工作，由于长期单手抱孩子导致髋关节出了问题，一走路就疼。有时在外进货，拖着一大堆货也不怕累；经常为了抢时间、不耽误工作，一天只吃一顿饭，水都没时间喝，还要及时赶到幼儿园接孩子。

在我的努力和坚持下，我的小生意蒸蒸日上，我也赚到了人生的第一桶金。这次转型让我明白了一个道理：**人生没有固定的轨迹和模式，只要敢于尝试和改变，就有可能找到自己热爱的方向。**

做电商的几年里，我的业绩稳定上涨，也有了小小的知名度。虽然工作自由度很高，也赚了些钱，但我知道，随着业绩的稳定，我的能力也遇到了瓶颈。同时，我逐渐失去了自我身份认同，陷入了自我怀疑。难道我要一辈子在朋友圈卖货？难道这就是我的人生？这种怀疑越积越深，我看不见前路在哪里，整个人深陷黑暗，找不到光亮。

"我不甘心""我相信我有更大的潜力""我相信我可以突破自我"，这些念头一直在我的脑海里升腾，也指引着我寻找新的方向。

业余时间里，我开始钻研德国房地产投资，利用贷款杠杆，使投资的房产实现了资产翻倍，几年里我成了一个小包租婆。有一位在德国的华人看到我的天赋，邀请我做他的合伙人，为他在鲁尔区开辟新市场。我跟随他实战学习了几个月，我们最后决定在杜塞尔多夫最繁华的国王大道成立我们的新店。这个机会对当时处于迷茫中的我来说，是对我能力的极大肯定，我非常珍惜。然而，在我近距离学习做房产中介的这段时间里，我一直在反复问自己，这真的是我未来五年的方向吗？我热爱的究竟是做房产投资还是做房产中介？我想要的真的只是赚钱吗？

这时，我才终于意识到，原来寻找自己才是创业过程中最难的部分，面临选择和欲望时，只有向内求才能找到答案。依靠外界获取的自我认同感是非常脆弱的，真正的自信来源于内心对自我价值感的笃定。曾经我幼稚地以为证明自己的方式是能赚多少钱，后来才明白，真正的成功是在热爱的世界里找到个人价值的支点，金钱只是衡量的手段之一。我开始深入地剖析自己，不断地反思总结自己的优势和不足，去探究自己究竟想要成为一个什么样的人。我能做什么？我喜欢做什么？我擅长做什么？我决定再逼自己一把，勇敢突破。

转型个人 IP：突破自己，不破不立

下定决心后，我开始积极学习各种课程，并不断尝试破圈。俗话说"宁做鸡头，不做凤尾"，但我认为应该宁做凤尾，不做鸡头，我坚信，提高自己最有效的方式是和比自己优秀的创业者们同行。

我梳理自己的兴趣点和核心能力，发现在帮助女性变美、变健康这个方面，自己其实已经小有成就了。我从27岁就开始钻研皮肤护理知识，并获得了一些权威的认证资质。在私域卖货期间，有很多女性客户来找我咨询皮肤问题，我的专业知识和能力帮助不少人解决了她们的皮肤问题，也得到了极大的认可。在今天的大环境下，护肤理念越来越追求速成和立竿见影。暴利驱动下，社会上营造的容貌和护肤焦虑，让很多女性朋友在面对选择时迷茫，甚至踩了很多"坑"。我渴望通过自己的力量带给大家正确健康的护肤理念和方法。

我的一位老师说过：当你找到了通往新世界的钥匙，记得要画一份地图让更多的人也能打开那扇门。我把自己的这项能力整合成了帮助

原来寻找自己才是创业过程中最难的部分，面临选择和欲望时，只有向内求才能找到答案。

女性内外兼修的产品，帮助更多有需要的优质女性逆龄生长，由内而外实现变美变健康，自此我开始走上打造个人IP的道路。

当曾经因满脸痘痘而自卑的客户，把自己逐步摆脱痘痘烦恼的照片合集发给我，向我表达感谢的时候；当看到皮肤过敏长期受脸部红痒困扰的客户，重新收获健康的肌肤并再次画上美美的妆的时候；抑或见证爱美的姐妹们一点点收获逆龄的时候，她们的喜悦在那一刻是和我相通的。而在帮助她们的过程中，我也收获了巨大满足感。

未来，我希望将自己的皮肤管理学知识和践行出来的商业模式传授给更多志同道合的轻创业者们，和更多同频的朋友们，一起将健康正确的护肤方法和理念传递出去。同时，我也想为渴望开启一项新副业的朋友们，抑或想要打造个人IP的电商朋友们，打开一扇窗，也许他们中，也有人和当初的我一样，经历过迷茫。

结语

回顾过去十年的成长道路，从迷茫无知到寻找自我，从向外求到向内寻，从活在别人的眼光中到努力做真实的自己。这十年里，不断寻找自己是驱使我一次又一次走出舒适圈的强大动力，我感激那个勇敢的自己，让我一步步看清自己的内在。人生没有白走的路，每一步都算数。只有经历过一次次突破，才会越来越清楚自己真正想要的是什么。而每一个阶段获取的能力，都给了我重新开始的勇气。我终于明白，真正的自信是发自内心对自我价值感的笃定，是实现自我价值的路上，自己奖励自己的那颗糖。

了解自己是一个漫长的过程，更何况我们自己也在不断地成长，我们追求的东西和梦想也在不断变化。**成长追求的其实就是自我认**

同，活在自己的节奏里，而不是活在别人的眼光中。我想对未来下一个十年的自己说，大胆做自己，按照你喜欢的方式去生活。与其被定义，不如自定义。向内生长，向外绽放。

如果你也希望通过健康天然的护肤方式变美，如果你也想要开启一项副业，如果你也是一个渴望打造个人品牌的电商朋友，欢迎你联系我。希望我的经历能带给你一点力量。人生海海，山山而川，岁月的车轮滚滚向前，而我们终将遇到更好的自己。

恒星闪耀：高客单新个体

历经 14 年奋斗，终将 PPT 从爱好变为事业

■ 宋振中

老宋 AI PPT 副业圈主理人
微软专家认证讲师
金山办公特邀培训专家
全国高等院校计算机基础教育研究会委员

我出生在一个普通的农村家庭,在读大学以前,没有接触过电脑,没有见过外面的世界,老老实实地上学、考试,没有任何兴趣爱好,普通得不能再普通。

大一时听的一场讲座让我认识了 Office 软件,自此我便多了一个爱好:钻研 Office。大学期间,我为学校副校长和党委副书记做过 PPT。7 年前一个偶然的机会,我在一家估值数十亿美元的在线旅游企业做 Excel 内训,5 年前我转型成为全职 Office 讲师,3 年前我创立 Office 教培公司。今年是我创业的第三年,公司年营收近百万元,各项业务步入正轨。

没有有钱的父母,没有出色的表达能力,没有英俊的外表,我这样一个普通人,历经 14 年的奋斗,竟然一步步将爱好变成了事业。相信我的经历,值得无数像我一样的普通人借鉴。

从上大学到现在的 14 年,我的经历主要分为三段:大学 4 年、职场 5 年、转型 5 年。

大学 4 年:结缘 Office,打造一技之长

在大一上学期的一场宣讲会上,我被老师操作的 Office 软件深深吸引了。当时参加一期培训的学费是 1000 元,我经过几番思考,决定报名参加这项培训。

我担心这笔培训费给父母造成一些负担,所以决定瞒着他们报名。可学费从哪里来呢?最后只能向同学借钱交了一部分学费。在大一下学期开学后,我在学校送水站找了份送水的兼职,送一桶水赚一块钱,两个小时也才赚十来块钱。就这样,通过一学期的兼职,我把剩余的学费交完了。

恒星闪耀：高客单新个体

我学习 Office 软件，劲头比大多数同学更大。上课时，我尽最大努力集中精力听老师讲课，在笔记本上记录软件操作，实在来不及记就在下课后借同学的笔记，回忆老师的操作，查漏补缺在笔记本上记录下来。那时我没有电脑，基本上每节课之后，我都会去学校的机房或电子阅览室把学习的内容练习几遍。

努力学习 Office 让我在上大学期间受益良多，从最初帮辅导员做 PPT，再到逐渐帮院级和校级领导做 PPT。记得有一次，学院书记给我们几个班上课，点名时点到我说了句："你就是帮忙做 PPT 的那位同学吧？做得不错！"那种被认可的感觉，为我这个农村孩子带来了极大的自信，也为我做其他事情增加了动力。

从那时我就意识到，无论是在大学中，还是在职场中，Excel 和 PPT 是最容易接触高层领导的技能。精通 Office，我身上的闪光点就更有机会被领导看到。

十多年后再回看这段经历，我有三点心得：

第一，**在人生的关键点，要敢于投资自己**。如果当时不是交费学习，也许今天我就不能凭借 Office 创业。

第二，**一旦选择就要坚持，要做出个名堂**。

第三，**要尽可能地做有积累价值的兼职**。今天我也带着学员做 PPT 副业，有些同学在校课余接单就能月入四五千元，还能收获对未来发展有帮助的技能，相比我那时兼职送水，就有价值得多。

刚上大学，我就想要加入社团和学生会锻炼自己，但我的表达能力太差，一站上讲台就头脑一片空白、语无伦次，面试了七八个学生组织都没有成功。没有条件就创造条件，大二时我尝试在课余时间做讲座和组织学习小组，给本专业的同学们讲解 Office 技能。

之所以这么做，有两点原因：

第一，**帮助他人**。对 Office 软件的学习让我意识到它的重要性，我想尽自己所能，帮助班级的同学们。

第二，**锻炼自己**。教是最好的学，在教别人的过程中，我对知识的理解更深，表达能力也得到锻炼。

那时我还做了一件让我受益至今的事：写博客。我将上课学到的知识点，用文章的方式整理记录下来。

在我还没有资格做讲师时，我就在主动尝试，为我成为一名 Office 讲师种下了种子。也许正是因为那时的习惯，我培养出了一项能力，能从"小白"的角度审视自己讲授的知识，所以今天才会有无数同学喜欢我的课程。

职场 5 年：精通 Office，塑造差异化竞争力

毕业后的前 5 年，我在电商企业和互联网公司工作。在电商企业和互联网公司，基本的数据分析思维和数据处理方法是很多岗位所需要的。但工作中很多同事掌握得并不是很好，不少人甚至连 Vlookup 函数（Excel 中的一个纵向查找函数）和数据透视表都不会用。

2014 年，我作为新人入职一家电商企业，主管让我去了解和熟悉公司的产品。我就将之前一次活动的订单数据在后台下载下来，借助 Excel 的功能，对流量数据和订单数据做了分析，挖掘竞品的优势，以及与对手相比我们存在哪些不足，从而总结出一些运营上的建议，制作了一份 PPT。

我把这份 PPT 发给主管看后，主管约了我们组的 6 位同事到会议室，让我讲讲这份 PPT 的内容，同事们都对我这个新人刮目相看。

在这家电商企业，我们每天都是在与数据打交道，同事们都知道我在这方面比他们更擅长，所以平时遇到问题，都会请我帮忙。对业务有不懂的地方，我请教他们，他们也非常乐意地帮助我。

Office 技能使我更好、更快地融入了一个陌生的团队。更加重要的是，当我拥有一项技能而得到认可和尊重，由此产生的自信心和成就感，对我的成长是十分有帮助的。

2016 年年底，我在一家在线旅游公司做运营工作，这家公司是创新工场投资的，当时估值十多亿美元。

很多同事 Excel 用得非常差，不会基本的数据处理和分析操作。培训经理得知我在这方面比较擅长，便邀请我做了两场 Excel 内训。培训之后，我还结合公司的业务，写了份 Excel 应用指南，由此获得了领导的重视和称赞。

在本职工作之外，能从公司业务出发总结提升工作效率的经验，甚至像我一样在内部发起技能培训和分享，这就是我们普通人在职场塑造差异化竞争力的机会。

转型 5 年：传播 Office，助力更多人提升办公技能

2016 年在公司做了 Excel 内训后，一个念头在我内心萌生：我能不能成为一名职业 Office 讲师？

没想到在 2018 年，一个偶然的机会，我应聘到一所高校教授 Office 课程。在正式上课之前，我就告诉自己，一定不能只满足于学生满意，而要做出令职场人也满意的 Office 课程。因此，我用心打磨每一次课程，在每周上课结束后，我会把课程再录一遍，发布到网上。

两年时间有 6000 多名大学生和职场人学习我的这门课程，通过这门课程，我实现了在线上的初步积累。

与此同时，我意识到，不能把视野局限于校园，要把眼光放长远。2019 年，在微信公众号看到微软的听听文档微信小程序公开招募讲师，我第一时间申请了。在这之后的半年，我在听听文档小程序一共发布了 5 个系列课程，深受学员喜爱。这年年底，在北京中关村微软大厦，我领取了微软听听文档专家认证讲师的证书。

也是从那时开始，我有了创业的想法，我要用自己喜欢的方式做 Office 教育。正在那时，刘润老师在微信公众号发表的一篇文章的标题打动了我——"如果这一生一定要改变，希望是在 30 岁之前"，也更加坚定了我前行的步伐。

2020 年，我 30 岁。这一年，我创办了快去学教育。最初我们做了两期 PPT 训练营，深受好评但是招生受阻。因此我在 2020 年年底做了计算机二级教程，发布在哔哩哔哩网站，没过多久便火了，许多同学发来催更私信。在这之后的两年，我们几乎把所有精力都投入在计算机二级业务上，开发付费训练营课程、编写教材、打磨训练营服务体系。仅用了三年时间，我们在哔哩哔哩网站就获得了 15 万名垂直用户的关注。两套 Office 教程的播放量突破 200 万次，每年有 2000 位学员付费参加训练营。但由于创业前两年受到疫情的影响，计算机二级业务并没有像预想的那样蓬勃发展。

所幸，疫情并没能让一家初创公司倒闭。在创业的第三年，我们在保持计算机二级业务的同时，再次转向 PPT 领域，开拓企业 PPT 定制服务，开发 PPT 副业产品，一年时间带领 200 位学员掌握 PPT 技能，帮助他们在业余时间获得额外的收入。

PPT 定制每年有几十亿元的市场，单页价格低至几元高至上千

恒星闪耀：高客单新个体

元，入门门槛低，增长空间大。这就给了很多普通人机会，只要勤奋，就可以靠 PPT 获得还不错的收入。

PPT 也是一个获取资源的利器，无论是大学生还是职场人，都应掌握这项技能。以我和团队为例，在 2019 年我靠 PPT 技能与一位清华大学的教授合作，帮他的新书设计 PPT；今年 11 月，我们团队因为 PPT 技能与李海峰老师和格掌门等知识 IP 合作，帮他们设计出满意的作品。

未来我将继续围绕 PPT 打造 PPT 副业、PPT 定制、PPT 培训生态，希望成为 PPT 教培领域的"小米"。

转型之后的 5 年，是我成长最快的 5 年。从一位新入行的讲师，成长为一位获得金山办公、微软多项认证，全网拥有 30 万名粉丝，公司年营收近一百万元的创业者，如果用一句话来总结我的这段经历，我想说：敢想敢干，人生不设限，未来就有无限可能！

敢想敢干，人生不设限，未来就有无限可能！

恒星闪耀：高客单新个体

知识付费创业的三大核心技术

■ 王子晶

线下大课操盘手
维晶恒睿创始人
上市教育公司前创始培训师团队核心成员

我是子晶，知识IP线下课操盘手、维晶恒睿创始人。我曾是上市教育公司创始培训师团队核心成员、互联网独角兽企业核心知识产品设计负责人，曾深度参与操盘销售额过亿元的教育项目。

8年间，我授课近8000小时、研发240多节课程，操盘的教育项目营收过亿元，我将青春与热血播撒在知识付费这片热土上。我因知识而改变自己的命运，离开小城镇到上海定居，实现了轻财务自由。未来，我将继续在知识付费行业耕耘，结缘更多的知识IP。

巴菲特有句名言："当潮水退去的时候，才知道谁在裸泳。"

在后知识付费时代，知识IP如果再不去改变自己的产品内容，再不去改变自己的培训方法，再不去改变自己的成交场景，也将面临潮水真正褪去的时刻。

接下来，我将为你呈现我花费了8年时间沉淀下来的知识付费创业的三大核心技术。

核心技术一：知识产品内容

关于知识付费产品的内容，在市面上，你常常能看到的无非是这三类：

第一类：**认知类内容**，这类内容是用来帮助学员提升认知的。

第二类：**工具类内容**，这类内容通常是帮学员提高效率、实现高效办公的。

第三类：**实操类内容**，通常包括方法论、模板等，用来帮助学员实现变现。

我想分享两种打磨产品内容的心法。

恒星闪耀：高客单新个体

1. 内容并不是越多越好

内容质量要好，但总量一定要少。这一点可能会刷新很多人的认知，很多人可能会问："学员付那么高的费用，如果内容没有很多，能行吗？"

学员付费真正想获得的到底是什么？是干货内容？还是改变？如果一个课程动辄 50 节、100 节课，试问有几个成年人能真正学完？即便全部学完，时间都用来听课学习了，哪有时间去行动？

成年人的学习，以解决当下某个问题为基本原则，遵循的是学以致用，也就是学了马上去用，用了马上就可以解决问题，而不是到处乱学一通，要么学不完，要么学完了没时间用。

在 2023 年年底，我曾见证了一场单场成交额达 600 万元的线下课，三天两夜的时间，老师真正在讲的"干货"内容只有 7 张图表，其余大部分的时间都用于学员写方案、小组练习、小组展示、老师现场指导演示等等。

我也曾见到过一位专业能力非常强的老师从早讲到晚、课程内容全是"干货"，现场成交额惨不忍睹。

内容并不是越多越好。内容太多，其实是一种变相的偷懒行为，因为你并没有把真正能给学员带来改变的"干货"内容筛选出来，学员花费太多的时间和金钱，却没有得到真正的改变。

2. 优质内容的呈现形式，不仅仅只有讲"干货"这一种

什么样的内容，可以称为优质内容？我的理解是，**能引发学员改变的内容是优质内容**。

那什么样的内容，可以引发学员的改变？比如一场线上读书会，

通常是老师讲，学员听。那能不能让学员先说自己的收获，老师再来补充？能不能先引导学员说出行动点，老师再来反馈？这种先由学员生产内容的方式，既锻炼了学员的思考力、表达力、行动力，老师还能有针对性地点评。这一种方式是不是更有助于推动学员改变？

核心技术二：培训方法

培训方法，对于一个知识 IP 的重要性，不亚于炒菜技术对于一个厨师的重要性。

对于一个知识 IP 来讲，"自己会"和"把别人教会"是两码事。就好比所有成年人都知道"8＋7＝15"，但并不等于所有成年人都能教一个 6 岁的孩子学会"8＋7＝15"。

市面上常见的培训方法有**分组讨论式、头脑风暴式、答疑引导式**，我想分享另外两种威力巨大的培训方法。

1. 体验式培训

假设你是一名教成交课的老师，下面两种方法都可以用来培训辅导学员。

第一种：直接给学员讲成交的第一、二、三、四、五步应该怎么做。

第二种：首先，向学员展示真实的成交；然后，一步一步拆解自己的成交步骤思路；接着，让学员提出问题，进行现场答疑补充；最后，带着学员做复盘，设计出学员自己的成交步骤。

以上两种培训方法，哪一种方法的知识吸收率更高，你是不是已经心中有数了？

2. 场景式培训

培训的本质，是把技能传授给学员。那么，如何传授才更高效？

很多人认为讲清楚方法就可以了，其实不然。很多时候，学员并不是不知道方法，而是他知道方法，但他不敢"站上去"。

比如，一场教公开表达的小型线下课，在某个环节，你能不能让在场的学员站上台，轮流当主持人，带着台下的其他学员一起做复盘分享？这样设计的好处在于，对于那些从未在台上发过言的学员而言，这就是一次重大突破；对于那些有台上经验的学员而言，这正好是一个展示自己魅力、被更多人看见的机会。

"站上去"，是要学员"站"在那个场景里。利用场景式培训，可帮助大多数学员发生改变。

核心技术三：线下大课高效成交

想要做到线下大课高效成交，往往需要解决三个问题：

客户为什么要买产品？ 你需要罗列不买这个产品有哪些坏处、买了会得到哪些好处。

客户为什么要买你的产品？ 你需要向客户证明你是专业的，你有成功的案例，即向客户证明你不仅专业，而且你的专业能帮到别人。

客户为什么要立刻买你的产品？ 你需要通过限时、限量、限价等方式，告诉客户此刻下单是最超值的。

此外，我更想跟你分享两个能带来高效成交的顶级心法。

1. 放大独特优势

首先，请你思考一个问题："成交的本质究竟是什么？"

成交的本质，是信心的转移。即学员愿意把钱交给你，是相信你可以给他带来他想要的美好结果。一场高成交的线下大课，就要把你能带给学员的那些美好结果现场演绎出来。

每个人身上最独特的优势是不同的，这也意味着，每一场线下大课的流程和重心要因 IP 不同而不同。

我辅导的一位老师，她最独特稀缺的优势，并不是她的专业，而是她背后的关系网。她身边汇聚了一群愿意付几万元、几十万元学习的同学和朋友。

对于她的线下大课，我首先把她背后的关系网做了梳理；其次，用邀约策略和分组策略，保证关键人物到线下大课会场。这个流程的设计，为她实现线下大课高成交提供了极大的助力。

2. 绽放生命状态

在知识付费行业，你仅仅展示你足够专业，客户就愿意为你付费吗？很多人都认为：我足够专业，能帮客户解决问题不就够了吗？

如果你的目标客户是 B 端（企业），那么"足够专业"，就是客户选择你最重要的原因，因为 B 端客户只关注你的工具属性。如果你的目标客户是 C 端（个体），除了专业之外，影响客户是否愿意为你付费的核心要素，还有你的生命状态。

C 端客户靠近一个老师，并向他学习，表层需求是从老师那里获得解决方案；而更深层的需求在于，渴望跟老师达成一种亦师亦友的关系，而不仅仅只是想当一个学员。

我曾见过很多场线下大课，老师一板一眼地讲课，而中间好不容易有个与学员近距离互动的环节，却由助教老师完成。一种端着的生命状态，如何打动得了别人？

山高路远，未来可期，期待我们在更高处相逢。

得线下者得天下，
务必重视线下课！